JN070141

改訂版

ファッションビジネスの文化論

内村 理奈 編著

Edited by UCHIMURA Rina

北樹出版

は じ め に

　21世紀の現在、日本だけでなく、世界中の人びとが、グローバル化のなかで、ファストファッションに身を包む時代になっている。ファストファッションを批判するわけではないが、安価で、容易に手に入る衣服によって、私たちのファッション文化は、どこか単一で深みのないものになってきているように見える。一般の人びとが安価で容易なものを追い求めるなかで、ビジネスの世界は、当然のことながら、経済効率や利益を優先している。しかし、だからといって、ファッションビジネスの世界が飛躍的な発展を遂げているわけでもないように思われる。これは言いすぎだろうか。

　また、大学教育の現場では、服飾文化論や服飾文化史の授業は、徐々に縮小傾向になってきている。より実践的な教育が重視されるなかで、文化論は机上の空論に思われてしまう部分があるのかもしれず、その点を、編者は常に歯がゆく感じながら、日頃研究を行ってきていた。このように、教育の場においても、業界内においても、経済優先で文化軽視が続いているなかで、日本の服飾文化は、やや輝きを失いつつあるかのように思われてならない。

　以上のような、現代の服飾文化を取り巻く状況に対する、編者なりの危機感を背景にして、日本のファッションビジネスの真の復活や発展に寄与するための服飾文化論を論じることが、本書の目的である。文化論を文化の発展のために展開するのはもちろんであるが、それだけではなく現実のビジネスの世界にリンクさせ、文化とビジネスの世界を橋渡しして、双方を相乗的に豊かにしていくような文化論を描きたい。

　具体的には、将来、ファッション業界で活躍したいと思っている若い人たちが、仕事のなかで何か新しいアイデアを提案する際に参照したくなるような、ファッション界のあちこちに小さな種を蒔けるような、服飾文化論をイメージしている。その小さな種のひとつひとつが、時間をかけてもいいから少しずつ育っていき、近い将来か遠い未来かわからないが、豊かな文化の醸成とそれに支えられたビジネス界の発展が実現できたら、という夢を抱いている。

　近年、日本文化の世界発信が注目されてきている。その際には、アニメや漫

3

画などのポップカルチャーが語られることが多いが、本書ではこれらはあえて取り上げず、全体として、歴史ある古き伝統に根差した文化をもとに、それらを発展させていく方向を模索するような文化論を展開したい。日本発のラグジュアリー服飾文化論を展開することで、日本の服飾文化への理解が広がることにいくらかでも貢献できたら、と願っている。

　また、本書は大学生用テキストではあるが、一般の読者、とくにファッション業界で実際に働いている方がたにも、読んでいただけたらと思っている。編著者の専門領域はフランスを中心とする服飾文化論・服飾文化史であるので、ビジネスの世界について語ることに気おくれを感じる部分もないわけではないが、それでもこれまでの大学教育のなかで、ビジネス関連授業を担当する機会を得たこともあり、それなりの考えを抱くようになってきた。したがって、この著作を、実際の服飾文化を動かしていくファッションビジネス界の方がたへの、心からのエールとして受け取っていただければありがたい。

　最後に、編著者の思いに共感をし、共著者として執筆に参加してくださったみなさんに、お礼を申し上げる。共著者のみなさんは、それぞれの領域でのスペシャリストで、情熱をもってお仕事をされている方たちばかりである。編者の思い以上に、熱い思いでこの本の仕事に取り組んでくださった。どの章を読んでも、ファッションの世界のこれまでと現状、そしてこれからの方向性が語られ、未来に希望を抱ける内容に仕上がったのではないかと思う。自信をもって読者の方がたにお届けしたい。

　また、北樹出版の花田太平さんは、企画が生まれる以前の段階から、編者のアイデアにおおいに賛同を寄せてくださり、気持ちよく仕事を進められるようにいつも配慮をしてくださった。深く感謝している。

　日本各地の、ファッションそして服飾が好きでたまらない人びとが、この本を手にしてくださることを、心から願っている。

2014年夏

執筆者を代表して

内村　理奈

改訂にあたって

　本書を刊行してから10年がたち、この間、国内外ともに様々な歴史的出来事が相次いだ。今、まさしく時代の転換点にあり、パラダイムシフトのうねりの中を、何を羅針盤にしたらよいかもわからず、私たちは歩いているような気持ちがする。10年前に本書を記した時には、ファッション界の過去・現在・未来を見渡せるような書籍を作りたいと願い、今後重要になっていくであろうと思われるテーマを、できるだけ盛り込んだつもりだったが、今まさしく、現実的な課題になっているように思う。そのように考えていた矢先、本書の改訂版を作ろう、と北樹出版編集者の福田千晶さんが提案してくださった。誠にありがたいお話であった。

　改訂の方針としては、基本的には初版の内容を活かしつつ、必要に応じて、時代の変化に応じた加筆修正をしたり、コラムを追加することとなった。とりわけ、「ジェンダー」や「エシカル」「伝統産業」などのテーマは、今まさにホットな話題になっている。日々の大学の講義やゼミを通して、若い人たちのジェンダーへの関心の高さには驚かされるほどでもあるし、エシカル消費や、サステナブルといったキイワードは、普通に私たちの生活に偏在する言葉になった。伝統産業をいかに継承維持するかも、SDGsなどの考え方とともに、しばしば議論される。若手や中堅の日本人デザイナーの方たちも、日本各地の染織技術を活かし新たなクリエーションを生み出している。ファッションは、やはり、時代とともに動き、時代を映して変化していくのである。この先にも、また想定外の新たな課題も立ち現れるかと思うが、未来のファッション業界になにがしかのヒントを、本書が示すことができればと願う。

　　　　2024年2月

　　　　　　　　　　　　　　　　　　　　　　執筆者を代表して

　　　　　　　　　　　　　　　　　　　　　　内村　理奈

第Ⅱ部　ともに生きていくファッション

［改訂版］

ファションビジネスの文化論

The Fashion Business: Theory, Culture and Practice

Chapter 01
ファッションビジネスと服飾文化のために

内村理奈

　日本のファッションは世界のファッションをリードしてきた。このことを知る人は、そう多くはないかもしれない。そして、世界をリードするファッション文化を背景に、日本のファッションビジネスも発展を遂げてきた経緯がある。経済効率や採算を考えることは、もちろんビジネスの世界では重要なファクターであるが、ファッションビジネスの現場は、日本の服飾文化を生み、育てていく場でもある。その逆もしかりであろう。ファッション大国フランスでは、文化が国を形づくり、その文化の大きな部分をファッションが占めていると考えられている。モード産業は、フランスでは、17世紀以来、常に国の重要な産業であり続けてきた。同様に、日本のファッションビジネスの発展、そして服飾文化の発展は、どちらが欠けてもうまくいかない両輪のような関係で、これからのこの国のファッションの未来を形づくっていくのではないだろうか。

1 ≫ 世界に影響を与え続ける日本のファッション

　2011年3月11日、東日本大震災のあと、世界のファッション界が、悲しみに沈む日本へエールを送ってくれていた。たとえば、アルマーニは2011-2012年秋冬パリ・オートクチュール・コレクションで、日本へのオマージュとして、ジャポニスム・ファッションを手がけていた。アルマーニ（ジョルジオ・アルマーニ）は、キッチュな異国趣味に陥ることなく、真摯な姿勢で日本の美を（漆工芸や黒留袖や友禅染などをアイデアソースにして）表現しており、筆者は胸が熱くなる思いがした。

　この時のアルマーニの作品群は、震災後ということもあったため、特別なコレクションであったのかもしれないが、2007年春夏パリ・オートクチュール・コレクションでは、ディオール（ジョン・ガリアーノ）がまさに新日本趣味（ネオ・ジャポニスム）の歌

舞伎ファッションを発表し、話題を呼んだこともあった。

　近年、フランスなど諸外国では、普通に街を歩く人びとのなかにも、ネオ・ジャポニスム的なファッションを目にすることができる。たとえば、着物柄の上着を着て普通に歩いている女性や、きれいにまとめた髪に漆の箸をかんざしにして挿している女性や、あるいは漢字をモチーフにしているTシャツを着ている若者や、同様にリュックサックに漢字が描かれていることなど、枚挙にいとまがない。西洋の歴史ある文化と伝統のなかに生きている、かの国の人びとの間で、東アジアの端に位置する日本の独特な文化は、常にオリエンタリズム（異国趣味）を喚起させる魅力的な存在であるのかもしれない。

　一方、西洋の伝統を引き継ぐ現代のファッションについて、日本人は、日本のものは遅れていると思いがちである。ところが、実際はそうではない。日本のファッションは、歴史をひもとけば、西洋のファッションに折にふれて大きなインパクトを与えてきたのである。

　上で述べたような、ヨーロッパで見受けられるネオ・ジャポニスムは最近の現象であるが、本来のジャポニスムは、19世紀末から20世紀初頭にかけての芸術思潮として現れたものである。ルノアールやゴッホなどの印象派の画家たちを中心に、日本の浮世絵に取材することや、あるいは、浮世絵の構図や描き方を模倣すること、日本の着物を西洋人のモデルに着せて絵を描くことが、芸術上の日本趣味として広まっていた。ジャポニスムは大きなうねりを伴って、当時のパリの芸術界を覆っていたと言ってよい。そして、それは芸術だけではなく、服飾をはじめとする生活世界にも広がりをみせていた。

　16世紀以来、何世紀にもわたって、西洋の女性の肉体を締めつけてきたコルセットは、20世紀になってはじめて、彼女たちの衣服から消え去ることになる。このような、いわゆる「コルセットからの解放」に、日本の着物の影響が見られたことは、実はファッションの世界ではよく知られている。コルセットから西洋の女性を解放したデザイナーとして知られるポール・ポワレは、異国や遠い過去の服装デザインから発想を得て、コルセットを身につけなくてよい衣服を考案したとされている。そのアイデアソースのひとつが、日本の着物であった。平面構成で直線的な日本の着物に、新しい美の形を見出したことが、いく

つかあるきっかけのなかの重要なひとつになって、コルセットを用いないドレスが考案されたのである。その後、西洋の女性の服飾から完全にコルセットは失われていった。

このことは、西洋服飾史のなかでのとりわけ大きな出来事であるが、その後も日本のファッションは、時折西洋のファッションにインパクトを与えることがあった。特筆すべきは、1980年代の「黒の衝撃」と呼ばれた川久保玲と山本耀司らの活躍である。彼らがデザインした黒くて穴だらけの衣服は、パリの伝統的なファッション界に大きな衝撃を与えたため、当時のメディアには批判も数多く見られたが、時が経つにつれて、あらたな美の発見でありあらたな美の表現であるとも受け止められ、しだいに賞賛されるようになっていった。そして、とくにベルギーのマルタン・マルジェラをはじめとする、現代ファッションのデザイナーたちに強烈な影響を与えてきたのである。現在に至るまで、川久保と山本は、常に西洋のデザイナーたちの多くから、深い敬意を寄せられ続けている。

2 ≫ 服飾文化は日本の宝

現在も、あらたな日本趣味(ジャポニスム)は生まれている。日本の文化が格好いい、と思う西洋人は意外に多い。「かわいい」という語も、もはや世界共通語のように用いられ、言葉だけでなく現象そのものも理解され始めている。日本においても、経済産業省主導のクール・ジャパン戦略やRakuten Fashion Week TOKYO、あるいは東京ガールズコレクションなど、日本のファッションを大きく世界に発信しようという機運が、21世紀になってから盛り上がってきている。その際には、とくにポップカルチャーである漫画やアニメが日本の代表的な文化として注目され、伝えられているようである。しかし、日本に数多く存在している、宝物のような服飾文化は、まだ知られていないものが多いのではないか。日本の歴史ある宝物の数々を、日本人自身が気づいていないのかもしれず、これらを発信していく必要があるのではないか。

また、残念ながら、日本のアパレル業界の現状は、服作りの伝統が少しずつ

失われ始めているのではないかと思われる。もはや着物を日常着として身につけないのは仕方ないかもしれないが、アパレル業界のなかでも、衣服の素材を生産し、縫製する分野が、とくに厳しい現状に直面している。養蚕そして日本産絹の現状はきわめて厳しい状況にある。平成23年４月には国からの助成金も打ち切られ、日本で養蚕を続けていくのは、相当に困難になってきている。富岡製糸場が世界遺産になったのをきっかけに、日本の養蚕にも追い風が吹いてくれればよいが、もしかすると日本の絹はそのうち消滅するのかもしれない、という懸念さえ起きてくる。しかし、刺繍の人間国宝であった福田喜重（1932-2022）が、日本刺繍の本当の美しさは、日本の生糸からしか表現できないと述べていたように、日本の絹を守ってほしいと思っている職人は多い。

　今、守るべき日本の文化遺産は何なのか、真剣に考えるべき時が来ているのではないだろうか。

3 ≫ 未来を作る日本の伝統染織

　日本の染織は日本の風土に根差して、長い間受け継がれてきたものである。友禅染や、大島紬、ユネスコ無形文化遺産の越後上布や小千谷縮など、日本各地に残される伝統染織は、日本の豊かな自然と水の恩恵があるからこそ、育まれてきたものである。

　友禅染は、ツユクサの花汁を用いて下絵を描き、幾種もの色彩で日本画のように描き染めていく。色を定着させるために高温で蒸し上げるが、その後ツユクサの下絵や糊を洗い流し、発色を良くするためにきれいな水で洗う。かつては、京友禅であれば鴨川の友禅流しとしてその光景を見ることができた。

　大島紬は、奄美大島の土に豊富に含まれる鉄分によって、美しい泥染めのつややかな黒色が生み出されている。

　豪雪地方の越後上布は、当地の苧麻を素材にし、織り上げた反物は大雪のあとの晴れた日に、漂白をほどこされる。雪が日光にあたると蒸発し、そこからオゾンが発生する。このオゾンによって、漂白効果が得られるのである。雪の上に並べられた反物は、それ自体が美しい日本の風景を作り出してきた。世界

でも日本にしか見られない雪晒という技法である。

　しかしアパレルのものづくりの拠点が、中国やバングラデシュに移ったことで、業界の空洞化も生じてきてはいないだろうか。たとえば東北地方は、重要な縫製工場が多数ある地域であった。東日本大震災からの復興のなかで、日本のアパレルのものづくりも一緒に復興していかなくてはならないだろう。東北のものづくりが復興していくなかで、多くの雇用も創出できるのではないだろうか。今手を打たなければ、日本が世界に誇るものづくりの技術は失われてしまうかもしれず、そればかりか、ものづくりを支えていた、日本の自然環境と風景も失われてしまうかもしれない。

　今、しっかりとした構想をもって、守るべきものを守り、改善するべきものを改善できれば、元来世界でも指折りの高度な技術をもっている日本のファッション業界は、その希少性から生まれる付加価値をばねにして復活し、国際競争のなかでも勝ち残っていけるのではないだろうか。

4 》》 職人の手わざに支えられる高級ブランド

　ファッション業界に携わりマネジメントを行う人たちが、日本文化の価値、日本の美の価値観、日本の守るべき染めと織りの文化、ものづくりの技術を理解していなければいけないだろう。そうでなければ、経済効率だけを考えて、日本の美しい守るべき文化をみずから壊していってしまうことになる。何を守り、何を伝えていかなければならないのか、私たちは、足元から問い直していくべきである。そのことによって、強い足腰をもった世界に誇れる日本ブランドを築くことができるはずである。目先の利益だけでなく、100年、200年先を見据えた、日本の服飾文化の継承と発展を実現する必要がある。

　海外に目を向けても、イタリアやフランスの高級ブランド、たとえばシャネルやルイ・ヴィトン、グッチやエルメスなども、高度な技術をもった職人たちの小さな工房に支えられているからこそ、成り立っているのである。これらの国においては、このような職人の技術を伝統的に尊び重んじる風土がある。美しいものを生み出す職人たちの手わざに、私たちはいっそうの敬意を払ってい

く必要があるのではないか。そのことも私たちには求められているように思う。

　そのためには、地道な教育が不可欠であろう。メディアの力も重要である。日本の服飾文化、世界の服飾文化、染織の伝統技術、これらを教育のなかで、若い人たちにていねいに伝えていかなければならない。あるいは多くの人びとに、美しいものを生み出す人びとのことを、広く深く知ってもらう必要がある。

　たとえば、日本を代表するデザイナー、三宅一生（1938-2022）は、今こそデザイン教育が重要であると述べていた。その信念のもとに、2007年３月、六本木に21_21 DESIGN SIGHT というデザイン美術館でありデザイン研究センターともいえるようなミュージアムを創設し、今も、国立デザイン美術館の創設に尽力していた。そして、NHK のテレビ番組に出演した際、デザイン教育の重要性を語るなかで、世界で認められる新しいデザインを生み出すには、外国文化を知ること、そして自国の文化を知ること、この２点が重要であると述べていた。このように、新しいデザイン力で伝統染織の魅力を引き出して提案していく力が、日本国内から育っていくことが、今、求められているのではないか。

　また、2004年パリ発祥のエシカルファッションは、今後大きな意義を担っていくだろう。第11章で語るエシカルファッション（倫理的なファッション）は、いわゆる自然素材を用いたエコファッションというだけではなく、地域に根差した技術の伝承と、それをもとにした新しいものづくりをひとつの理念に掲げている。グローバルスタンダードのなかで、世界中が同じような衣服を身につけてきた時代が続いているが、エシカルファッションがより浸透していけば、もしかすると、真の意味での個性溢れる多様なファッションが、世界各地から発信されるようになり、各地の伝統に基づいた色彩豊かな服飾が世界に溢れるようになっていくのかもしれない。

5 ≫ 新しい発想で未来に発信

　日本国内に明るい兆しもある。日本の若手デザイナーのなかには、あらたな挑戦を果敢に行っている人がいる。日本の伝統的な染めや織りを現代風にアレンジし、メイド・イン・ジャパンにこだわり続ける若手デザイナーもいる。ま

た、これまで閉鎖的と考えられてきた職人の世界にも、新風を巻き起こす新しい若い人材が育っている。伝統を守りながらもそれに固執せず、新しい感覚でモダンな作品を生み出し、海外で評価されている職人たちもいる。

　たとえば、縄文時代から日本各地で作られてきた藤布という織物がある。つる性の植物である藤の、まさしくつるの部分から丹念に繊維を採り出し、これを織物にしたものである。その希少な技術伝承者である小石原将夫は、この藤布で能衣裳を作るなどしているが、それらの作品はパリのプルミエール・ヴィジョンという織物の国際見本市に招待されるほど、世界的に高い評価を得ている。

　また靴職人の舘鼻則孝の作品も今熱い注目を集めている。彼がデザインした、歌手レディ・ガガのヒールのないハイヒール靴は、靴の歴史上革命的なデザインだと思われるが、世界中からオファーが殺到しているという。

　このような人びとをいっそう盛り上げ、メディアでも取り上げ、とくに若い人たちに知ってもらうことが重要であろう。そして、彼らの後に続くような人材の育成にも、いっそう力を入れるべきである。それはもしかすると、時間のかかることかもしれない。しかし、これから先の、100年先、200年先の日本の服飾文化とビジネスの発展のために、その投資は決して無駄にはならないのではないか。

　そして、海外に向けては、表層的なジャポニスムではなく、厚みのある日本の服飾文化が発信されることを期待したい。日本と世界の未来を見据えて、きちんとした理念と哲学、さらにセンスをもった人材が育成され、ファッション業界がマネジメントされていくことが必要である。世界に誇る日本の宝としての、染織およびものづくりの技術を、新しい発想で生かし、唯一無二のラグジュアリーブランドとして確立することができれば、日本のファッション業界の未来は、必ずや明るいものになっていくのではないだろうか。

6 ≫ 本書のねらいと構成

　このように、ファッションビジネスと服飾文化、双方の発展を願い、それに少しでも寄与したいというのが、本書のねらいである。そのような考えをもと

に、本書は次のように構成した。

第１章つまり本章では、ファッションビジネスのために、服飾文化の充実と醸成が必要不可欠であること、そして、逆に服飾文化の発展のためにもファッションビジネスによる強力な後押しが重要であることを、述べたつもりである。また本書の見取り図、考えの方向性、および問題提起を示しておいた。

その後は３部構成にしている。第Ⅰ部は「今を創り出す伝統」と題し、日本の染織や仕立ての伝統が、未来に貢献する可能性を論じる。

まず第２章では、現代の日本人にはなじみが薄いかもしれない染め型紙を取り上げる。染め型紙は、日本においては染め物の道具にすぎず、それ自体は不要になれば廃棄されてしまうこともあるものであるが、これが現代の国内外のデザイン界において、重要なデザインソースとして用いられていることを論じる。2012年４月に、東京の三菱一号館美術館において開催された「KATAGAMI Style」展の内容をベースに、日本の伝統技術の思いもよらないあらたな発想によるデザイン展開の事例を示して、日本染織の大きな可能性を示唆したい。

第３章では、日本染織の基礎知識をまとめながら、それらが、常に日本のトップモードをけん引してきたことを明らかにする。豊かな日本染織の世界の美しい彩りが垣間見られる章になるだろう。

第４章では、日本の染織を現代そして未来に伝えていくために、必要な技術としての修復の問題を取り上げる。日本の着物は、その単純な構成ゆえに、仕立て替えの文化を形成してきた。仕立て替えに見られる日本人の知恵と技は、これからの持続可能な服飾文化のために、大きなヒントを与えてくれるのではないだろうか。

このように第Ⅰ部では、日本の染めと織りの世界の、古くて新しい側面に光をあてたいと思う。

第Ⅱ部は、「ともに生きていくファッション」と題し、ファッションは、衣服であり、それは命のない「モノ」であるとも言えるのかもしれないが、人が身にまとうものであるがゆえに、常に人とともに生きてきたものであることを論じる。ファッション、衣服、服飾は、私たち人間とともに長い歴史を生きてきた。人の思いや、生き方、人生を、常に彩ってきた。そのことを今一度、歴

史的な流れとともに、再確認したいと思う。

　第5章では、時代を切り拓いてきたデザイナーの足跡をたどる。デザイナーが生み出すファッションが、どのように私たちに新しい未来を作り出してきたのか、デザイナーという存在が誕生する以前から、考察しつつ、未来を展望したい。

　第6章は、ジェンダーとファッションの問題である。ファッションはその歴史をひもとくと、常にジェンダーの問題と背中合わせで歩んできたところがある。現代でも、ファッションは、紳士服、婦人服というカテゴリーに分類されている。しかし、一方で、ユニセックス的なファッションも今日のファッションの流れのなかでは、見受けられる事象であろう。人が生きていくかぎり、ジェンダーの問題は、デリケートかつ重要な問題であり続ける。ファッションがどのようにこれと向き合ってきたのか、あるいは人はファッションを通じて、ジェンダーとどのように向き合ってきたのか、論じることにしたい。

　第7章は人生を彩るファッションについて考察する。私たちの人生は、折にふれて、特別な装いで身を飾り、その重要な節目を迎える。お宮参りや七五三に始まり、その後は成人式、結婚式、そして、人生の最期には喪服がある。本章ではとくに、ウェディングドレスと喪服を取り上げて、これらのファッションに秘められた物語を明らかにすることにしたい。現在、モノとしての消費だけではなく、ストーリーを感じることのできる消費、いわばコト消費が求められていると言われている。ファッションがどのように人生の物語を彩ってきたのか、歴史に探りたい。

　第Ⅲ部は「ファッション界の可能性」である。この最後の部では、ファッション業界の今昔そして未来を多角的に見通したいと思う。

　第8章では、ファッション誌について取り上げる。私たちは新しいファッションの情報を雑誌から得ることが多いだろう。つまり、雑誌編集の側が、どのようにファッションの事象を切り取って見せるかによって、私たちの流行は作られている部分がある。それらの雑誌が作られていく過程の構造と、これからのファッションを伝える情報媒体がどのように変遷していくのかを考察したい。

　第9章では、ファッション産業と流通の今昔を論じる。18世紀西洋のファッ

ション産業の成立から現代までを大きく俯瞰し、これからのファッション産業のグローバル化の方向性を展望する。

　第10章では、これからのラグジュアリーブランドの課題を考察する。近年、ファッション業界では社会貢献、文化貢献という言葉が言われるようになってきた。その背景や、なぜこのようなことが求められるようになってきたのか、事例をあげて論じる。

　第11章では、ファッションと倫理の問題、つまりエシカルファッションについて取り上げる。第10章に見るような、ファッション業界の新しい動きとともに、近年、倫理の問題がファッション業界に浮上してきている。持続可能なファッションビジネスを実現させるための、ひとつの方向性として現れたエシカルファッションについて、その現状と課題を整理することで、今後のファッション界について考察を深めたい。

　このように、本書は、これまでと現在のファッション界を多面的に論じた上で、それぞれのテーマについての未来を展望することを試みた。現実がどのように動いていくかはわからないが、それぞれの章が示している方向性は、複雑に絡み合いながらも、ファッション界のたしかなひとつの未来を指し示しているのではないかと考える。

追記　本章は、拙著「ネオ・ジャポニスムファッションを世界に発信」（跡見学園女子大学マネジメント研究会『逆転の日本力』イースト・プレス、2012年、156-161頁）を基に、加筆修正を施したものである。

■注

▶ 1　深井晃子『ジャポニスムインファッション：海を渡ったキモノ』平凡社、1994年参照。
▶ 2　本書では、各執筆者の判断により必要と思われる人物にのみ、欧文氏名または生没年を記した。

Part 01

今を創り出す伝統

日本には、美しい自然とそこから紡ぎ出された素晴らしい染織文化がある。私たちの日常生活のなかで、そのことに思いを馳せることは少ないかもしれないが、歴史ある伝統染織の世界は、過去の時間のなかだけに沈潜し、博物館の展示ケースのなかだけにおさまっているのではない。実は、伝統染織の技は、ファッションの「今」のなかに、生かされ続けてきた。伝統のなかにこそ、「今」とまだ見ぬ「未来」を創り出す豊かなヒントが隠されている。私たちにとって、過去は常に新しい。

Chapter 02

日本の伝統の再発見

染め型紙の可能性

阿佐美淑子

　近年、日本の伝統的な文様が現代的にデザインし直され、さまざまな商品に使用されている。その使用例は、ふきん、風呂敷といった従来も存在した布製品から、スマートフォンのケースなどまでさまざまである。そうした文様の参照例の一つが、「型紙」である。

　型紙とは、主として布地に図柄を染め付けるための伝統的な道具で、鎌倉、南北朝時代からの伝統をもつとされる。和紙を柿渋で貼り合わせて強くし、図柄が彫刻刀で彫り抜かれている。図柄は、植物、動物、自然の風物、幾何学文、文字、それらの組み合わせたものと、数限りない。江戸時代、武士階級の礼服である裃（かみしも）に図柄を染め付けるために使われた型紙のデザインは洗練の極致を見せ、形を彫り抜く技術も非常に高度となった。明治期以降は、日本は和装から洋装の文化へと変化し、型紙の需要は激減してしまう。しかしながら、今日でも、かつての伊勢国（いせのくに）、現在の三重県鈴鹿市で型紙は作り続けられている。

　現在、型紙は、需要の低下、職人の高齢化、後継者不足という困難を抱え、存亡の淵に立つ。その型紙は、21世紀の今、その図案がデザインソースとして、あらたに注目を集めている。

1 ≫ 型 紙 と は

1. 染めの型紙

　型紙（図2-1）は、主として着物を仕立てるための反物に図柄を染め付ける伝統的な日本の道具である。長方形に切った美濃和紙を柿渋で貼り合わせて強化した型地紙（かたじがみ）に、特別な彫刻刀を用いてさまざまな形を彫り抜いて作られる。型紙を用いた染めの行程は、まず型紙をあてた反物に防染糊を置き、その次に染料で染めるという段階をふむ。そのため、型紙では彫り抜かれた部分は染まら

ずに白く抜けるということになる。こうして１枚、もしくは形の異なる数枚の型紙を組み合わせて一反の布が染め上がる[1]（図2-2）。

型紙の起源には伝説を[2]含め、さまざまな説があるが、桃山時代に活動した絵師狩野吉信筆の《職人尽絵屏風》[3]に型紙を用いた染め師の仕事姿が描かれており、遅くとも鎌倉時代から南北朝時代には現れたとされている。

主として、武士の礼服である袴には「小紋」と呼ばれる細かな柄を染め付ける型紙が、町人が身

図2-1　型紙　菊花（プリントンズ・カーペット社アーカイヴ所蔵）

図2-2　型染めの反物　錐彫りと道具彫りの型紙を使用したもの

につけた木綿の浴衣には「中形」という比較的大きな柄が彫られた型紙が用いられた。戦のない平和な江戸時代、武士階級から町人階級までが、図柄の形と着物の色でおしゃれを競った。また型紙を使って染められるのは絹や麻などの反物ばかりではなく、幟や暖簾、鎧の鹿革の部分、鹿革に漆で図柄を付ける印傳、染付の皿、漆塗りの皿に至るまで、型紙は実に幅広い用途に用いられてきた。

こうした型紙に彫り抜かれた形は実にさまざまである。梅・桜・菊などの花、松・竹などの植物、雀・千鳥などの鳥、兎・鹿などの動物、魚・蟹など海の動物、龍・麒麟などの想像上の獣、波濤・水面などの自然、錨・源氏車などの人工物、青海波・麻の葉など自然物に幾何学的な処理をしたもの、紗綾、縞などの幾何学文、「家内安全」「福」「壽」などの文字、それらの組み合わせ……。

図柄はまさに無限に存在する。こうした種類、形、表現、いずれも極めて豊かな文様を、型紙職人が長方形の限られた範囲の型紙に彫り抜き、染め師はその図柄をくり返し反物に染め付けていく。こうして、無限に存在する図柄から永遠に続く世界が作り出される。

2. 伊勢型紙の歴史

こうした豊かな文様の世界を形づくる染めの道具、型紙は、かつての伊勢国、現在の三重県鈴鹿市の寺家や白子の近辺で作られてきた。江戸時代には全国で使用される型紙がほぼ独占的にこの地で生産されたことから、「伊勢型紙」とも呼ばれる。[4]

図2-3 商印の例 「勢州」「白子」等の文字が見える

伊勢産の型紙が群を抜いて多いことは、型紙に押された取り扱い商店の印、「商印」（図2-3.[5]4）を見ても明らかである。伊勢の国を意味する「勢州」や「白子」「寺家」といった文字で構成された商印が大変多く見られるのである。伊勢で生産される型紙が、かつての琉球を[6]除く全国各地に行き渡ったのは、江戸初期の元和5（1619）年、白子が紀州徳川家の治める紀州藩に編入されたことがきっかけであった。型紙が特産品として紀州藩の保護を受けるようになったのである。白子の港は大阪、江戸などと結ばれており、白子には紀州侯別邸や代官所が置かれるなど、藩により重要視されていた。またこの港から出る船には紀州徳川家の旗印を掲げることができたため、木綿、材木、酒などを扱う伊勢商人[7]も白子の港を重宝した。伊勢商人たちで賑わい、潤ってい

図2-4 商印の例 「紀州御産物」「勢州白子」等の文字が見える

た白子、寺家で型紙は作られていた。

　ところで型紙商人は一方的に藩からの庇護を受けていたわけではない。彼らは株仲間を結成し、莫大な 冥 加金（江戸時代の租税の一種で、特別な保護を受けることを目的としたもの）を藩に上納していた。全国の染物屋に対する独占的な営業特権を得るためである。また彼らは名字帯刀を許され、全国の関所を通る際の通行料を優遇された。こうして伊勢の型紙商人は全国で勢力を拡大させ、「白子型」とも呼ばれた伊勢産の型紙は、しだいに白子、寺家の地で独占的に生産されるようになっていった。

　型紙商人が結成した株仲間は、江戸や京など型紙を卸す土地を定め合い、違反した時には罰則を科すなどしてお互いの商売の潰し合いを防いだ。江戸時代には、反物の素材や色、染められた図案の違いこそあれ、染めの着物は大名から庶民に至るまでが身につけていた。また、型紙は何度もくり返して使えるものの、ひどく壊れれば繕いきれず、新しいものが必要となった。したがって、伊勢で作られる型紙の需要は膨大なものであり、型紙職人も多く存在した。『形売名前帳并に職人名前帳』によれば、幕末の文政6（1823）年には職人は寺家に185名、白子に23名、計208名いたと記されている。

　彫りの技術は幕末から明治にかけて頂点に達したとされる。江戸初期より、幕府からは頻繁に奢侈禁止令が出された。そのため大名は、遠目には一色で地味にしか見えないようなごく細かい柄の反物で裃を仕立てさせるようになった。可能なかぎり細かな柄を染め付けるために技を求められた型紙職人たちは、競って彫りの技術を向上させていった。また江戸時代には、「定め柄」といって大名家によって使える図柄が決まっており、他では使用が禁じられていた。たとえば紀州徳川家は「極鮫」、薩摩島津家は「大小 霰」といったふうである。幕末に至り、幕府の統制が緩むと、町人階級も武家の文様を使えるようになった。使用できる図柄が増えたこともあって、幕末の彫りの技術はますます進化したのである。

　明治に入り、大政奉還を経て廃藩置県が実施されると、伊勢の型紙商人たちは藩の庇護を失った。明治5（1872）年には株仲間は解散、明治の初年には型紙業界は不振であった。その間も型紙を彫るための型地紙の製作に必要な渋の

改良が行われたり、型紙の共同販売を目的とする竈振社が設立されたりするなど、寺家・白子では業界の振興が試みられていた。しかし、徐々に洋装化は進み、海外から安いプリント地が輸入されたりし、型紙の需要はさらに低くなった。以降の型紙の需要は景気によって浮き沈みが大きい。大正12（1923）年の関東大震災後にはいったん好況が訪れるが、昭和に入り、太平洋戦争中は衰退の一途をたどる。戦後は一転して型紙の需要が増し、朝鮮戦争頃、また高度成長期に入った昭和40年代は和装が流行したために業界は潤った。しかし、日本の社会が和装文化にもどるわけもなく、流行が去り、不景気な時代に至ると、型紙も需要が格段に落ち込んだ。そして、21世紀の現在は、こうした事情に加え、職人の高齢化と職人の後継者不足によって、型紙は技術継承の危機に直面している。

3．4つの技法と糸入れ

　型紙の彫りの技法は４つある。「突彫り」「錐彫り」「道具彫り」「縞彫り（引彫り）」の４種類である。型紙職人は、この４つの技法のうち、主として１つないし２つを用いて図柄を彫る。職人は幼くして修行を開始し、１つの技法を生涯をかけて極めていく。

　「突彫り」（図2-5）は、図柄を、小刀の形をした鋭利な彫刻刀で抜いていく彫り方である。小紋より大きな図柄が彫られた中形などの、比較的大きな図柄や自由な形を描くのに用いられる。

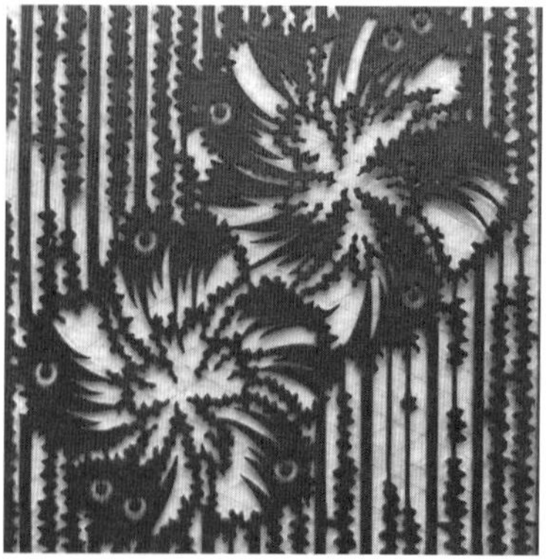

　「錐彫り」（図2-6）は、先が半円の外周の形状をした彫刻刀を一つ一つ回転させ、型地紙に無数の極小の円を刳り貫き、その円の集合で図柄を形づくっていく（図2-7）。小さなものは１ミリ以下の円の集合によって図柄が描かれる。

　「道具彫り」（図2-8）は、先の形が花弁・円形・方形などの決まった形になっ

図2-5　突彫り（花びらの広く抜けた部分）

ている彫刻刀を用い、複数の形の組み合わせで図柄を作る。小紋の桜花文や霰文など、規則正しく、また可愛らしい図柄を表現するのに適している。

「縞彫り（引彫り）」（図2-9）は、縞の長い線を得るための彫り方である。鋼の定規を型紙に当て、小刀を一気に引いていく。

図2-6　錐彫り（同心円状の点々の部分）

突彫り、縞彫りの技法では、抜けた部分が大きかったり長かったりすると、防染糊を置く際に型紙が壊れてしまう。「糸入れ」はこうした壊れやすい型紙を補強する作業である。完成した型紙を二枚に剝がし、剝がした型紙の間に規則正しく絹糸を渡していく。糸を渡す作業が終わったら、二枚に分

図2-7　錐彫りの仕事　１ミリ以下の錐の穴の集合で図柄を編み出していく（六谷博臣）

かれていた型紙を柿渋で再度合わせ、息を吹きつけることで不要な柿渋を落として完成させる。

いずれの技法も大変な集中力と根気が必要であり、職人は幼い頃から修行を積む。とくに錐彫りなど、１cm²に数十の円が入っているようなものは、一枚を完成させるのに数十日間も必要とすることがある。美しい型染めの反物を生み出すのは、こうした地道な彫りの作業によってでき上がる型紙なのである。

4. 技術継承の危機

前述の通り、江戸時代には隆盛を極めた型紙も昭和期には職人の高齢化と後継者不足が徐々に進んだ。型紙職人になるには10代のうちから修行に入らねばならないこと、職人として一人前になるには何年もの月日が必要なこと、徒弟

図2-8　道具彫り　花を形作る楕円と曲線の部分
（六谷博臣提供）

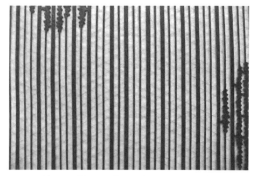

図2-9　縞彫り　抜かれた部分に糸入れされた絹糸が見える

制が社会の変化に合わないこと、出来高制であることなどから、職人自身が子弟を後継者としないことが増えていったためである。1000年近くも受け継がれてきた技術は、断絶のおそれに直面している。道具彫りの職人中村勇二郎（1935〜1985）によれば、昭和54（1979）年の段階で、白子には約300人の職人がいた。しかし中村は、「あと10年もすれば半数になるだろう[10]」と言ったという。それから35年ほど経った平成26（2014）年現在、白子、寺家近辺在住の型紙の職人の数は25名ほどまで減り、平均年齢はすでに70歳を超えている。型紙職人をはじめ、型紙関係者には危機感が強く、研修生を募集して技術を教えたり、全国の百貨店で開催される物産展などで技術を披露したり、資料館などを建てたりと、技術継承のための努力が続けられている。

5．技術継承の努力

　昭和中期の昭和30（1955）年2月、文部省の外局である文化財保護委員会が、型紙の4つの彫りの技法「突彫り」「錐彫り」「道具彫り」「縞彫り（引彫り）」と、「糸入れ」を継承する職人を重要無形文化財の技術保持者（人間国宝）に認定した。南部芳松（突彫り）、六谷紀久男（錐彫り）、中島秀吉（道具彫り）、中村

勇二郎（道具彫り）、児玉博（縞彫り）、城之口みゑ（糸入れ）の６名である。また、平成５（1993）年４月には、文化庁より「伊勢型紙技術保存会」が重要無形文化財の保持団体認定を受けている。

　昭和58（1983）年には「鈴鹿市伝統産業会館」が開館、型紙の技法や材料の紹介を行い、平成９（1997）年には形屋、すなわち型紙商家であった寺尾家の住居と作業場が「伊勢型紙資料館」として開館した。このように鈴鹿市では地域をあげて型紙の紹介に努めている。また、型紙職人の養成なども行われている。しかし徒弟制度によって受け継がれてきた第一級の技術の継承は今や困難となってしまった。こうしたこともあり、数十年前より、職人が時間をかけて制作する型紙の代わりに、図柄をシルクスクリーンの原盤に焼き付けたり、コンピュータで作画したりといった、職人の手を経ないで反物を染め付けるための技術も登場している。完成までに時間がかからずに型紙の代わりとなり、染め付けの際には強度もある方法がひろまっているのである。数万円程度で購入できるような小紋染めの絹の着物は、このような新しい技術によって染められた反物で仕立てたものが多い。こうした新しい染めの技術は、型染めの風合いと伝統的な図柄の継承か、はたまた安易な商品開発か、議論の分かれるところであろう。

2 ≫ 型紙と美術館・博物館

1. 忘れられていた型紙

　型染めの着物は数百年にわたり身分を超えて着用されてきたが、染めに用いられる型紙は一般にはほとんど知られてこなかった。その理由は型彫りが、染めのように、反物という商品となって人の手に渡る最後の段階に伴う技術ではないこと、道具であること、江戸時代には型紙職人は親方である形屋の下に属しており、職人の名前も知られてこなかったこと、伝統工芸として認知されてからやっと半世紀ほどであることなどがあげられる。型紙を収蔵してきた博物館では常設展示などで紹介してきたが、道具としての機能的要素に重きが置かれ、その美しさやデザイン性はあまり注目されてこなかった。美術館でもこれ

まで何度か展覧会は開催されているが、着物と組み合わせての取り上げ方がほとんどであったため、来館者は着物や染色の愛好家や研究者などにほぼ限定されていたといえる。

２．美術館で脚光を浴びた超絶技巧

このように、型紙は、染めに関わる人びとや研究者などを中心として知られてきた。そのデザインの美しさ、超絶技巧が広く知られるようになったのは、平成24（2012）年、日本のデザインがヨーロッパの美術・工芸へ及ぼした影響について、型紙に特化して取り上げた展覧会が行われてからである。

この年の春から夏にかけて、展覧会「KATAGAMI Style」が、東京（図2-10）、京都、三重の３つの美術館で開催され、専門家だけでなく、一般の美術・工芸の愛好家にも大きな話題を呼んだ。

東京では筆者の勤務する三菱一号館美術館で開催された。展覧会の担当者として驚いたのは、来館者が、19世紀末の欧米を席巻したジャポニスムの作品以上に、日本の型紙を食い入るように鑑賞していたことであった。展覧会が開催されたのは、前年の2011（平成23）年３月11日に発生した東日本大震災の記憶も新しい時期で、当時は東京も諦念、また自信喪失の気配に満ちていた。そんな時期に開催されたためか、数百年の歴史を誇る日本の伝統的なデザイ

KATAGAMI Style
世界が恋した日本のデザイン
三菱一号館美術館（東京・丸の内）
2012年4月6日（金）−5月27日（日）

図2-10　「KATAGAMI Style」展ポスター
（三菱一号館美術館提供）

ンが、100年以上も前の欧米の美術・工芸に大きな影響を与えていた、ということが来館者を興奮させていた。また、彫りの技術の精巧さや文様そのものの高いデザイン性を、来館者が敏感に感じ取り、また魅了されていたように思われた。型紙そのものが西洋美術の愛好者にも紹介されたのも、画期的な出来事であった。

3 ≫≫ 現代に生きる型紙：生まれ変わる型紙のデザイン

1．三越伊勢丹ホールディングスの試み

「KATAGAMI Style」展が注目を集めた翌年の2013（平成25）年1月、おそらくはこの展覧会の影響もあり、伊勢丹新宿店で、三越伊勢丹ホールディングス（以下三越伊勢丹）が所有する型紙の紹介と、その図案を用いて開発された商品の紹介・販売するイベントが行われた。1月2日から8日までは"ふふふ、ふろしき祭。"、また1月2日から15日までは、"新春祭「伊勢型紙」"（図2-11）と銘打ち、それぞれ同社が所蔵する型紙の図柄を使用してオリジナルの商品を開発、販売した。

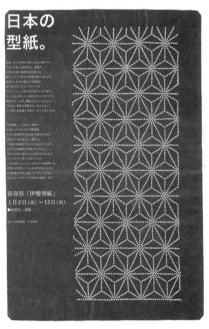

"ふふふ、ふろしき祭。"では、型紙の図柄を現代的なデザインにアレンジして使用した大判の風呂敷が多数販売された。このプロジェクトに参加したのは、北欧テイストのテキスタイルデザインで近年爆発的な人気を獲得している「ミナ・ペルホネン」を主宰するファッションデザイ

図2-11　伊勢丹新宿店 "新春祭「伊勢型紙」" を紹介したタブロイド版宣伝紙（株式会社三越伊勢丹提供）

図2-12　伊勢丹新宿店の"新春祭「伊勢型紙」"のディスプレイ（筆者撮影、株式会社三越伊勢丹）

ナーの皆川明（1967-）、アートディレクターの高岡一弥（1945-2019）と幕末より続く京友禅の老舗「岡重」、京都で現代的なデザインの和装小物を手がけるデザインユニット「SOU・SOU」であった。いずれも、伊勢丹が昭和30年代以降に収集した型紙から図案を選択してデザインし、伝統的な図柄を生かしながらも現代的なデザインを提案した。

　皆川は型紙の図柄を用いながらもレーヨンとポリエステルの混紡のテキスタイルに艶加工を施して、風呂敷という伝統的な布に華やかさを付与し、現代的に変換した。高岡一弥と岡重のコラボレーションでは、歌舞伎調の色彩で、どこか

レトロモダンなデザインを編み出している。「SOU・SOU」は型紙の図案を色鮮やかな手ぬぐいにし、それをつなげてポップに仕上げた。

　一方"新春祭「伊勢型紙」"では、各店舗が三越伊勢丹所蔵の型紙の図案を用いて商品を開発した。販売されたのは和装用の商品ばかりでなく、ドレス、バッグ、下着、タイツ、チョコレート等々さまざまに展開された。店舗のディスプレイ（図2-12）も型紙そのものに敬意を払いつつ、日本の伝統の紹介というよりは、現代的ファッションとして提示している観があった。新宿店全館を使って開催されたこのイベントは、新春のおめでたい雰囲気と相まって、ファッション界だけでなく美術館界においても話題を集めた。

２. 旧伊勢国からの発信：身近な小物の装飾

　型紙の故郷・鈴鹿でも、その図柄を反物以外に、また現代的に利用しようとの試みが行われている。

　鈴鹿市江島にある株式会社オコシ型紙商店は大正13（1924）年創業の型紙問

屋である。同社では江戸時代からの型紙を収集しているほか、現在も型紙職人に型紙制作を依頼し、でき上がった型紙を全国の染物屋に卸している。また新作の型紙の卸しだけでなく、同社が所有する型紙の図柄を用いて商

図2-13　型紙の図案を使用した桐の小箱

品の開発も行い、店舗を構えて販売も行っている。商品にはスマートフォンのケース、名刺入れ、ポストカード、小物入れなどがあり、巧妙に型紙の図案を生かしている。小物入れの桐の小箱（図2-13）は、蓋の表面に型紙の文様を精巧に抜いた、まるで型紙そのもののように薄い板が貼り付けられている。図柄は繊細であり、またどこか西洋風で、桐、型紙といった伝統的な素材を用いながら、日本の歴史を背負った印象はない。スマートフォンと名刺入れはジュラルミン製で、特殊加工を用いて型紙の図案が刻印されている。金属板に赤や黒といった明快な色彩を用いていることもあり、モダンな感覚を備えている。

3．インテリアと型紙：世界を彩る英国の高級カーペット

　反物に図柄を永遠にくり返して染めることのできる型紙は、広い範囲を同じ図柄で満たすカーペットや壁紙にも応用しやすいといえる。

　その例のひとつとして、英国のカーペットを紹介したい。英国王室御用達の称号をもつブリントンズ・カーペット社（以下ブリントンズ）は、1783年、ウスターシャー州のキッダーミンスターで創業したカーペット会社である。同社のアーカイヴには、カーペットの設計図にあたる大量のデザインペーパーとともに、100年前のデザイナーがデザインソースとして参照したと想像される、日本の型紙が約900点収蔵されている。

　型紙は19世紀半ば以降、欧米各国へ輸出され、とくに英国では産業製品のデ

図2-14 ブリントンズ・カーペット社アーカイヴ所蔵の型紙の図案を使用した同社のカーペット〈Katagami Collection〉

ザインソースとして参照され、陶器、テキスタイル、壁紙などにその使用例がある。英国と型紙の関係は深い。たとえば工業デザイナーの先駆者として知られるクリストファー・ドレッサー（1834-1904）は、1876（明治9）年から1877（明治10）年にかけて日本を訪れ、技術や工芸の視察のために各地を訪ね歩いた。その際に型染めのことを

知り、1882年に発行された『日本：その建築、美術、工芸』[15]に型紙そのものについても記述している。

　型紙は欧米各国の美術館、博物館に数多く所蔵されており、ロンドンのヴィクトリア・アンド・アルバート博物館にも約4500点が所蔵されている。一方、ブリントンズのコレクションは、英国の私企業では最大のものであると考えられている。このコレクションは、同社が2003年に買収した、同じくカーペット製造のウッドウォード・グローヴナー社が20世紀初頭に入手したもので、2社の合併の際にブリントンズのアーカイヴに移された。

図2-15 型紙 芭蕉（ブリントンズ・カーペット社アーカイヴ所蔵）

　ブリントンズでは、2007年、取得した型紙のデザインを再構成し、〈Katagami〉というシリーズ名のカーペットを売り出した。ブリントンズのカーペットは、バッ

キンガム宮殿をはじめとする歴史的建造物、世界中の高級ホテル、空港、カジノなどに採用されており、〈Katagami〉シリーズもそのひとつ[16]である。この写真（図2-14）は、同社が所蔵する芭蕉文を表した型紙（図2-15）をデザインしたもので、日本の型紙の図案を用いているにもかかわらず、現代的でスタイリッシュな印象となっている。

　型紙のデザインは19世紀末のジャポニスムの美術・工芸へ多大な影響を与えたが、現代のインテリアのデザインソースとしても有用であることが、この例でわかるのである。

4 ≫ 未 来 へ

　1000年近い歴史を誇る日本の型紙の技術は、現在、存亡の淵に立っている。しかし、型紙の図案のデザイン性の高さは、100年以上前に世界各国で収集され、美術や工芸に生かされたこと、流行が去ったのちにも捨てられることなく、美術館、博物館で大切に保存されてきたことからも明らかである。また、現代でもさまざまな分野の商品に採用され、かつ成功を収めていることからも、その利用価値の高さは論を俟たない。

　型紙のデザインは日本の伝統的な表現にとどまらず、デザインし直すことによって、日本ばかりでなく世界においても利用価値が高く、かつ成功を収めうるデザインに変換できるのだ。

　あらたなる型紙のデザインの活用にもまして、型彫りの神業のような超絶技法を断絶させずに後世に伝えることが強く望まれる。21世紀初頭の現在、型紙制作の技術の継承についてはすでに分水嶺にある。型紙の故郷、白子、寺家の自助努力に頼るばかりではなく、型紙が数世紀にわたって日本全国で受け継がれてきた重要な伝統であることを再認識し、その技術の継承を美術、工芸、デザイン、ファッション等、創造的な分野に携わるさまざまな人びとで真剣に考える時がきているのである。

■注

▶ 1　振り袖など複雑な図案の着物には数百もの異なった図柄の型紙を必要とすることもある。

▶ 2　現在の三重県鈴鹿市寺家にある子安観音寺には不断桜と呼ばれる、天平時代から続くという言い伝えのある桜の木があり、その昔、この不断桜の葉の虫喰いの穴の美しさに久太夫という翁が感心したことから型紙が創始したという。

▶ 3　狩野吉信筆《職人尽絵屏風》紙本彩色、六曲一双、桃山時代、喜多院蔵、国指定重要文化財。

▶ 4　もともとは伊勢だけではなく、各地で作られていたという。会津型という型紙を生産していた現在の喜多方市など、伊勢以外で生産されていたことがわかっている地域もある。

▶ 5　全国に型紙を売る形屋の屋号や生産地の入った印。

▶ 6　琉球では型紙は独自に発達し、紅型の染めに使用された。伊勢型紙と共通する図柄も多いが、吉祥文など中国の影響と思われるものもある。

▶ 7　「江戸名物、伊勢屋、稲荷に犬の糞」といわれるほど、江戸には伊勢商人が多かった。とくに大伝馬町には木綿問屋が立ち並び、本店のある伊勢と結ばれていた。後の三越の創業者である三井高利（元和8（1622）-元禄7（1694））は伊勢商人である。彼は、延宝元（1673）年、日本橋本町に呉服店の越後屋を創業、「店前現銀掛け値なし」を標語に正札販売と小売り販売を行い、その画期的な商法によって成長した。

▶ 8　江戸時代には京都の堀川通りに染物屋が多くあり、江戸時代の型紙には「勢州」、「白子」などとともに「ほりかわどおり」などと記した商印が多数見られる。

▶ 9　岡田譲ほか編『人間国宝シリーズ19　南部芳松：伊勢型紙突彫、六谷紀久男：伊勢型紙錐彫、中島秀吉・中村勇二郎：伊勢型紙道具彫、児玉博：伊勢型紙縞彫、城之口みえ：伊勢型紙糸入れ』講談社、1979年、38頁。

▶ 10　同上、40頁。

▶ 11　江戸時代、型紙商人が全国に売り歩いた型紙は、明治初期に海外に流れたものもあったが、それでも各地に大量に残されていた。しかし、各地の収蔵の仕方としては、道具であることから、「作品」ではなく「雑資料」として、美術館ではなく、博物館・図書館に収蔵されていることが多い。そのため、美術や工芸の愛好家の目にふれる機会はほとんどなかった。筆者が調査したところでは、もともと大量にあったためか、実際に使われたために汚れているものが多いためか、公的機関へ寄贈などの機会があったにもかかわらず、雑資料としても収蔵の対象にならなかった地域が少なからずある。また、太平洋戦争後などは焚き付けに使われたり、染物屋の廃業に伴って古紙として廃棄されたりしたものもかなりあったと推察される。

▶ 12　「江戸の型紙」（サントリー美術館、1975年）、「伝統と現代　日本の型染」展（東京国立近代美術館、1980年）、「伊勢型紙」展（三重県立美術館、1993年）、「江戸小紋と型紙　極小の美の世界」（渋谷区立松濤美術館、1999年）など。

▶ 13　この展覧会は、馬渕明子ほか監修で2006年にパリの日本文化会館で開催された展覧会「Katagami: Les pochoir japonais et le japonisme（型紙とジャポニスム）」にあらたな研究成果も付け加えて日本で開催されたものである。

▶ 14　「KATAGAMI Style」展　東京展：三菱一号館美術館（2012年4月6日～5月27日）、京都展：京都国立近代美術館（同7月7日～8月19日）、三重展：三重県立美術館（8月28日～10月14日）。

▶ 15　Dresser, Christopher. *Japan; Its Architecture, Art and Art Manufactures*, London: Longmans, Green and co., New York: Scribner and Welford, 1882.

▶ 16　日本では神戸の神戸オリエンタルホテルのスイートルーム、ジュニアスイートルームなどに採用されている。

■参 考 文 献

岡田譲ほか編『人間国宝シリーズ19　南部芳松；伊勢型紙突彫，六谷紀久男；伊勢型紙錐彫，中島秀
　　　吉・中村勇二郎；伊勢型紙道具彫，児玉博；伊勢型紙縞彫，城之口みえ；伊勢型紙糸入れ』講談
　　　社，1979年
中田四朗編『伊勢型紙の歴史』伊勢型紙の歴史刊行会，1970年
杉原信彦編『染の型紙　江戸型の発現』講談社，1984年
伊勢型紙技術保存会編『伊勢型紙』伊勢型紙技術保存会，1999年
金子賢治『日本の染織15　型染・小紋・中形』京都書院，1994年
東京都江戸東京博物館事業企画課展示事業係編『東京都江戸東京博物館資料目録　長板中形型紙Ⅰ・
　　　Ⅱ』東京都江戸東京博物館，2008年
『日本の型紙：ISE KATAGAMI』パイインターナショナル，2013年
三重県立美術館編『「極小の宇宙　手わざの粋：伊勢型紙の歴史と展開」展報告書』三重県立美術館，
　　　2014年
吉村貞司ほか著『日本の染織6　江戸小紋：華麗な江戸の伝統美』泰流社，1975年

【展覧会図録】
「江戸の型紙」展図録，サントリー美術館，1975年
「染のかたがみ：文様の展開」展図録，国際基督教大学湯浅八郎記念館，1985年
「伝統と現代：日本の型染」展図録，東京国立近代美術館，1980年
「伊勢型紙」展図録，三重県立美術館，1993年
「江戸小紋と型紙　極小の美の世界」渋谷区立松濤美術館，1999年
「KATAGAMI Style」展図録，三菱一号館美術館，京都国立近代美術館，三重県立美術館，2012年
「ときめくファッション：小町娘からモダンガールまで」展図録，愛媛県歴史文化博物館，2006年
Katagami: Japanese Textile Stencils in the Collection of the Seattle Art Museum, Seattle Art Museum,
　　　1985
Carved Paper: The Art of the Japanese Stencil, Santa Barbara Museum of Art, 1998
Katagami: Les pochoirs japonais et le japonisme, Maison de la culture du Japon à Paris, 2006
Japantastic: Japanese-Inspired Patterns for the British Home 1880-1930, The Museum of Domestic
　　　Design & Architecture, 2010
Kata-gami: Japanese Stencils in the Collection of the Cooper-Hewitt Museum, The Smithsonian
　　　Institution, 1979

コラム　現代アートとなった型紙

　本論中で紹介した展覧会「KATAGAMI Style」は、西洋美術に対して日本の文化が及ぼした影響を、型紙に特化して考証したはじめての展覧会であった。この展覧会をきっかけに、平成25（2013）年、型紙を用いた作品制作の計画が持ち上がった。サッカーの元日本代表選手中田英寿が主催する、日本の伝統工芸、文化、技術を紹介するプロジェクト「REVALUE NIPPON PROJECT」の平成26（2014）年の主題に、型紙が選ばれたのである。このプロジェクトでは、中田のチームを含む、全5チームが、一定の予算を用いて作品を制作し、パーティにおいてオークションにかけられる。オークションが開催されるパーティの参加者は、中田の知名度もあって、世界中のファッション界の重鎮、財界人、芸能人等である。彼らやマスコミによる取材によって、型紙が世界中で認知度をあげることとなる。

　中田英寿は、尊敬するサッカー選手の小倉隆史の父親が型紙職人であったことから、型紙の存在は以前から知っていたという。しかしこれまでプロジェクトで採用されてきた、陶磁器、和紙、竹細工といった工芸そのものではなく、布地の染めに用いられる道具にすぎない、本来人の目にふれるものではない型紙が選ばれるのは異例といえよう。

　制作の5チームはそれぞれ、このプロジェクトを主催する中田英寿、プロダクトデザイナーの喜多俊之、プロデューサーの白洲信哉、東京都現代美術館のチーフキュレーターの長谷川祐子、そして三菱一号館美術館館長の高橋明也であった。プロジェクトでは、上記5名の「アドバイザリーボード」、型紙職人である「工芸家」、デザイナーなどの「コラボレーター」がチームを組んで作品制作を行った。

　高橋チームでは、型紙職人の六谷博臣、デザイナーの北川一成、写真家の新津保建秀の4名がメンバーとなった。高橋が基幹のコンセプトを練り、六谷が型紙と型紙に関するさまざまな情報をメンバーに提供し、新津保が型紙にまつわる写真を撮り下し、北川がそれをもとに全体をビジュアル化する、という布陣である。参加者の特性により、現代アート的なコンセプトで作品作りが進行した。型紙にまつわる歴史、伝統、また型紙を育んだ白子、寺家の土地、またそこに居住する人びとの記憶などをまるごと作品に閉じ込める、というものであった。

　型紙はこれまで、反物の染め付けのほかに、照明器具に仕込んで明かりとして、また手ぬぐいなどの図柄としてなど、さまざまに使われてきたが、現代アートの作品となったのはおそらくはじめてであろう。完成した作品は、2014（平成26）年7月19日に博多で開催されたパーティでオークションにかけられた。　　　　（阿佐美　淑子）

Chapter 03

トップモードを
担ってきた染織

沢尾　絵

　日本の「着物」は、古来より大陸から渡ってきたさまざまな要素が、日本の気候風土に合う条件を備え、変化しながらたどり着いた日本古来の衣服の最終形である。着物人口の減少が指摘される昨今だが、茶道をはじめとする伝統文化や冠婚葬祭の諸場面では欠かせず、若い世代には夏の浴衣や大正・昭和のおしゃれな古着として新しく受け入れられている。身体に密着しない南方的な要素、反物を直線裁断した平面的な構成の重ね着など、普遍的な特徴をもつ着物の原形は、室町時代後半に一枚着として登場した「小袖」にさかのぼる。小袖は階層も老若男女も問わない単純な長着だったが、江戸時代末まで衣服における不動の主役を貫き、着物へと引き継がれた。これを可能にした理由には、古くからある染織技法に磨きをかける一方で、あらたな素材・文様・加飾技法を駆使して常に時代が求める流行を生み出してきたことがあげられる。小袖にはまさに日本の染織史が凝縮されているのだ。このような視点から本章では、小袖に現れる染織技法を通して、日本の染織史を概観する。

1 》》 染織史の特質

　染織品について時代をさかのぼる際に必ず直面するのが、資料が残っていないという現実である。染織品は火（熱）や水（湿度）に対して脆弱で、放置しておけば数百年で消滅するという性質をもつ。日本の湿潤な気候条件は染織品にとってはダメージが大きく、また、歴史のなかでたびたび起きた大火事により、その多くは失われてしまった。そうでなくても、天然の素材から手作業で糸を紡ぎ、織り染めた染織品は貴重品であったため、傷めば繕い、仕立て替えをしながら最後は布きれになるまで消耗し尽くした。消耗品の衣服に対して、それが工芸品であるという認識をもつことは難しく、よほど高貴な人物が身に着け

たものでないかぎり、あえて残すこともなかった。そのため幸い残されている
ものも、各時代の身分の高い人びとに関するものが大半を占める。言い換えれ
ば、現在私たちが目にすることのできる実物資料および文献・絵画資料といっ
た記録は、社会の上層部にまつわるものがほとんどである。既存の服飾史・染
織史研究の多くが、当時の最先端の染織技術と最高のおしゃれに関するもので
あることを忘れてはならない。

2 ≫ 小袖以前のトップモード

　小袖の特質をより深く理解するために、まずは小袖以前の日本の服飾史がど
のような経緯をたどったのか、その概要を整理しておくことにする。

1．染織品の手がかり

　原始より飛鳥時代頃まで、日本では衣服の形がそのまま残されている例はな
い。原始時代に人が身にまとったとされる毛皮・樹皮・魚皮などは、土に埋も
れてしまえば長い年月の間に土に還ってしまい痕跡を探すのも難しい。しかし
縄文時代を過ぎると、日本各地の遺跡から出土した小さな手がかりから、古代
の染織品の様子が少しずつ見えてくる。縄文土器に見られる紐の圧痕からは、
繊維に強度をつけるために「撚る」という工夫があったこと、三内丸山遺跡（青
森県）出土の網目・籠目の編物からは、天然素材から平面を作る概念があった
ことがわかる。弥生時代後期頃には、各地の遺跡から織(しょっき)機具の断片が出土し
ており、大麻や苧麻(ちょま)からとった繊維を紡錘を用いて効率的に撚っていたこと、
吉野ヶ里遺跡（佐賀県）出土の絹織物からは、茜と貝紫の２色使いの錦（２色以
上の絹糸を用いた織物）が織られていたことが判明している。

2．文献に現れた弥生人の衣服

　中国の史書『魏志』倭人伝（３世紀）には日本の服飾や染織品に関するもっ
とも古い記録が残されている。それによると、弥生時代の男子の衣服は長方形
の布を縫わずに結び留めて身にまとう袈裟衣形式または巻衣形式、女子の衣服

は一枚布の中央に開けた孔（あな）に頭を通して着る貫頭型の衣服であったことがうかがえる。また、人びとがみずから育てた苧麻や蚕の繭から、上等な苧麻布・平絹・真綿を作り出すこともできた。その傍ら交易により魏からもたらされる赤地や青地の上等な錦や珍しい毛織物などに触発され、技術の向上に努めたことが推測される。

３．大陸由来の上下二部式

古墳時代頃からの新しい衣服形式は、人物埴輪から見ることができる。男子の衣褌（きぬばかま）、女子の衣裳は上下二部式の胡服系服飾で、衣は男女とも詰襟の盤領（くび）・筒袖・前合わせの形が多く、下衣には、男子がズボン状の褌（はかま）、女子は巻きスカート状の裳（も）を着けた。『日本書紀』には、この頃織物などの技術をもった多くの帰化人が日本へ入ったことが記されており、彼らの衣服がそのまま日本に取り込まれたことは容易に想像できる。

飛鳥時代には、聖徳太子が隋に倣い、はじめての服制「冠位十二階」を制定した。服飾と身分制度を結び付ける概念の始まりである。聖徳太子にまつわる《天寿国繡帳（てんじゅこくしゅうちょう）》（７世紀前半）には人物埴輪と同様、上下二部式の服装をした男女の姿が現されており、当時の上層部の人びとが前代と同様の服装であったことがわかる。

奈良時代は唐に倣った政策とともに衣服や髪型も唐風に一変し、衣服令により公の場で着る三公服（礼服、朝服、制服）が定められた。礼服は、皇太子・親王、位の高い文官・武官、内親王・女王・女官のごく限られた人びとが重要な儀式の際に着用した。男子の礼服は中国に伝わる儀式服に倣ったもので、最上衣は前代の盤領筒袖から垂領大袖に変化した。また、薬師寺の吉祥天像では、宝髻（ほうけい）（髪を結い玉飾りをつける）に大袖の衣、腰高の裙（も）、丈の短い背子（はいし）、ショールのような領巾（ひれ）を着ける優美な姿が見られ、女子の礼服にもっとも近い姿とされる。朝服は、文官・武官・女官らが、一般の朝廷公事の際に着たもので、続く平安時代の公家服飾の源流となった。衣（袍）は盤領で、文官の袍には裾に襴（らん）がついたが、武官の衣は闕腋（けってき）（脇を縫い綴じることのない衣襖の形式）で襴がつかない。女子の朝服は礼服を簡略化したものであった。制服は無位の官人や庶民

の公服であった。形は朝服の衣襖と同じ形式で、素材は麻などの粗末なもので
あったとされる。このように三公服は、奈良時代特有の形を確立させていたが、
男子が長大化した衣に袴を合わせ、女子は衣に腰高の裳を合わせるという観点
から見れば上下二部式の変形ともいえる。

　飛鳥時代から奈良時代の染織品に関しては、法隆寺と正倉院に伝わる豊富な
現存資料が当時の様子を現在に伝えている。とくに正倉院には、東大寺の大仏
開眼会（752年）の際に伎楽で使用した装束類が多数伝えられており、袍や袴、
裳の形状を知るための貴重な資料である。また、三公服の制服を知る手がかり
とされるのが東大寺の工人や写経生がお仕着せとして着用した浄衣である。
麻製の袍・袴・早袖（丈の短い作業着）などが現存する。

4. 和様化へ：平安時代の公家装束

　平安時代初期の服飾は依然として唐に倣ったものだったが、9世紀半ば頃に
唐が衰退期を迎え、唐に傾倒する風潮は少しずつ後退した。さらに遣唐使の廃
止（894年）が唐から脱却する契機となり、政治・文化全般における和様化への
動向が本格化した。いわゆる公家服飾が確立したのは平安時代中期以降のこと
であった。

　公家男女の正装（晴装束）の束帯と女房装束は、奈良時代の朝服が格上げさ
れて成立した。平安時代の公家装束は実物資料が1点も残されておらず、鎌倉・
室町時代の御神服（神社に伝えられた神様のための衣服）が当時にもっとも近い資
料とされる。ほかに、『延喜式』などの文献資料や絵巻類から当時を知ること
ができる。

　男性の束帯は最上衣が袍で、その下には半臂、下襲、袙を着け、袴は表
袴と大口を着けた。袍は濃色の薄織物でできた盤領大袖で下に重ねた衣が美
しく透けて見え、袴の白や裾にのぞく赤色とのコントラストが引き立った。後
ろに長く引く下襲の裾は束帯のなかで唯一自由に装飾が楽しめる部分で、染・
刺繍・描絵などで華やかに装った。『枕草子』には「下襲　冬はつつじ。桜。
かいねり襲。蘇芳襲。夏は二藍。白襲」とあり、季節に応じて服飾の色の重ね
方を変え、その色目も植物由来の名称で楽しんでいたことがわかる。

十二単という名称で知られる女性の女房装束は、唐衣裳装束、裳唐衣装束ともいう。袴をはき、上には桂形（垂領大袖）の衣である単・桂・打衣・表着を重ね、最上衣に裳と唐衣をつけた。裳と唐衣は、奈良時代以前の裳と背子が形骸化して残ったもので、裳は腰に紐で括りつけて後方にのみ長く引き、唐衣は桂形を着重ねた最後に羽織ることで裳とともに正装を整える役割があった。女房装束のなかで主役となるのは着重ねる桂である。桂は総裏付きの袷仕立てで、表と裏の配色、何枚も重ねる襲（重ね）の色目を植物などの自然由来の名称で呼ぶなどして楽しんだ。襲装束の枚数は一時期歯止めがかからないほどにエスカレートしたため、平安末頃に５領に制限され、「五つ衣」と呼ばれるようになった。

5．服飾の簡略化と小袖の出現

　質実剛健を重んじる武家の政治は現実的な色彩を帯びたもので、彼らの服飾も簡略化の一途をたどった。鎌倉時代から桃山時代にかけて、武家の礼装として着られた衣服には、束帯、狩衣、水干、直垂、肩衣袴などがある。このうち、束帯・狩衣・水干は、平安時代までの公家服飾の流れを汲む盤領大袖の衣で、直垂は垂領大袖である。束帯は、鎌倉期にとくに重要な朝廷関連の儀式の際にのみ着用され、狩衣は平安貴族の遊び着・野外着だったものが礼装に格上げされた。狩衣とほぼ同形の水干は常服だったが、室町時代に武家の常服が直垂に代わると、年少者の衣服や白拍子の舞装束となった。

　直垂は垂領大袖の上下二部式で、室町時代に武家の礼装となると、絹の袷仕立てで長袴が正式となり、布直垂（麻製）は、大紋と素襖の２種類に派生した。

　桃山時代になると、武士は威儀を正すために小袖の上に袖なしの肩衣を着けるようになり、袴と合わせて肩衣袴とした。肩衣袴は江戸時代の裃の原形となった。

　武家男子がこれらの衣の下に着けていたのが小袖であった。最上衣の簡略化が進むにつれ、下に着ていた小袖が徐々に見えるようになった。室町時代から桃山時代に小袖の加飾技法が一気に多様化するのが、肩衣袴の出現により袖の部分が露出されるようになった時期と重なるのは決して偶然ではない。

武家女子の衣服も簡略化され、平安時代の女房装束は特別な礼装となった。唐衣、裳、打衣、表着は徐々に省かれ、衣袴〔きぬばかま〕（小袖と袴に袿を羽織る）、小袖袴（小袖と袴のみ）が出てきた。女子の服飾においても、小袖が表に出るようになり、なんらかの染色や文様を施すようになった。こうして小袖はもはや下着ではなくなり、いよいよ主役の一枚着として登場する準備が整ったのであった。

3 》》》 小袖の基礎知識

1．小袖とは

　着物の原形である小袖は、もともと公家の間で下着として着られていたもので、武家社会に入り服飾が簡略化する過程で少しずつ表出化した衣服である。一方で庶民にとっては質素な一枚着として古くから着られていた垂領筒袖の小袖であった。小袖が主役の一枚着となるのは室町時代後半頃からで、以降江戸時代を通じて着られ、その後、洋服に対する和服の代表である着物として現代に伝えられている。

　小袖という言葉は、袖口が小さい上下一続きの長着全般に対して使われるが、狭義には絹地で裏地との間に真綿（絹の綿）を挟んだものを小袖という。この場合は、真綿がないと袷〔あわせ〕、絹の一枚仕立てを単衣〔ひとえ〕、麻の一枚仕立てを帷子〔かたびら〕、木綿に綿を入れると布子〔ぬのこ〕というように生地や仕立てにより区別するのだが、本章では袖口の小さい小袖の染織全般を対象に見ていくことにする。

2．小袖の形態変遷

　一口に小袖と言っても、その形は室町時代から江戸時代までの間に、身幅・袖幅・丈などのバランスが大きく変化した。室町時代末から桃山時代にかけての初期小袖は、身幅が広く袖幅が身幅の半分ほどしかない。丈は足首程度の対丈だった。《高雄観楓図》（室町～安土桃山時代，東京国立博物館蔵）では、小袖をゆったりとまとい、紐状の帯を腰の位置で結んだ様子が見られる。この頃までの小袖には、織物、刺繍、摺箔〔すりはく〕、縫箔〔ぬいはく〕、辻が花染〔つじがはな〕などがある。江戸時代に入ると1600年代初頭を中心に残されている慶長小袖のように、徐々に身幅と袖幅の

割合が等しくなり、丈は長くなっていった。《湯女図》（17世紀初頭，MOA美術館蔵）を見ると、寛永期頃までには小袖の丈はやや裾を引く程度の長さで、帯も初期小袖に比べ幅が出ていた様子がわかる。この傾向は、大胆な構図が特徴の寛文期頃まで続く。さらに元禄頃になると、《見返り美人図》（東京国立博物館蔵）に見るように、女物は後ろ裾を引くほどに長くなった。江戸時代後期には30センチ前後の幅広の帯となり、小袖の丈を腰のあたりで畳んで調整する「おはしょり」の形態が一般的になった。この様子は江戸時代後期に隆盛した浮世絵に見ることができる。

　小袖の遺品は大名家や富裕町人層が使用したものを中心に残されており、また小袖をまとった人物の姿は、絵巻、肖像画、近世初期風俗画、浮世絵など各時代に隆盛した絵画に多く描かれている。加えて木版刷りの出版文化が花開いた江戸時代には、小袖雛形本が出版された。現存する120余種の小袖雛形本は、17世紀後半から18世紀末までの小袖意匠や染織技法の変遷を伝える貴重な資料である。これら、実物遺品、絵画資料、小袖雛形本、その他の文献を加えて検討することで、着装の様子、寸法、仕立てだけでなく文様や染織技法などが少しずつ明らかにされてきた。

3．小袖の地質

　絹の大量消費国の日本では、国内産の絹だけではまかないきれず、中国から毎年何十万反もの絹織物を輸入していた。小袖に使用される絹地には多くの種類があり、個々の加飾技法がもっとも効果的に表現できる生地が選ばれた。

　絹による平織を平絹といい、生絹／すずし、練貫（練緯）、縮緬、羽二重、紬などがある。生絹は、精練（絹糸の表面をコーティングしているセリシンを除く作業）を行わない生糸を経糸・緯糸の両方に用いたもので、一枚仕立てで夏の単衣として使用した。練貫は経糸に生糸、緯糸に精練した練糸を用いる。張りと柔らかさを兼ね備え、室町から桃山時代の辻が花染や繍箔に多用された。縮緬は経糸に生糸、緯糸に強撚の生糸を用いて平織した後に精練することで緯糸の撚りが戻る力で皺を出したものである。染料の吸着性にすぐれ、友禅染が始まるととくによく使用されるようになった。日本では天正年間（1573〜1592）に中国からそ

の技法が伝わったとされるが、紗綾や綸子と同じく、江戸時代初期には多くを中国からの輸入に頼っていた。その後、西陣をはじめ、岐阜や長浜などで織られるようになった。羽二重は、無撚の生糸を用い、経糸は通常筬羽1枚に経糸2本を引き揃えて使用し、織り上げた後に精練する。なめらかな風合いの高級品で、武家の支配者層の間では慶長期以前から用いられていた。17世紀後半になると裕福な町人層や歌舞伎役者が紋付や黒小袖として身に着けた。紬は、真綿やくず繭を紡いだ糸で平織にしたもので、一般的な絹織物に比べて艶や平滑さという点で劣ったため、江戸時代に町人層が着用することを許された絹地であった。

　平織地に文様の部分を四枚綾（経・緯糸が3本浮いて4本目に沈む）で織り出した平地綾紋の絹織物を紗綾という。江戸時代初頭の慶長小袖（繍箔小袖）に使用される例が多い。

　繻子織は経糸の浮きが長く、平織や綾織に比べて弱いが柔らかで光沢に富む。小袖によく使用されたものには本繻子と綸子がある。本繻子は糸を精練した後に必要に応じて染め、繻子組織で織る。綸子は無撚の生糸を経緯に使った繻子織で文様を織り出す紋織物の白生地で、織り上げた後に精練する。江戸時代になると練貫に代わり武家の慶長小袖などに多用された。日本では桃山時代以降、中国にならって慶長年間（1596〜1614）に西陣で織り始められたとされるが、その頃すでに中国から毎年数万反単位で輸入していた。

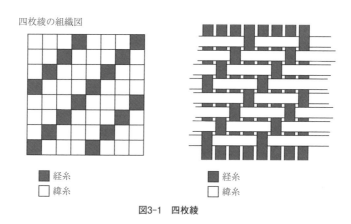

四枚綾の組織図

■ 経糸
□ 緯糸

■ 経糸
□ 緯糸

図3-1　四枚綾

4 ≫ 小袖に現れた染織技法とその歴史

　室町時代末から江戸時代を通して小袖の加飾に用いられた染織技法を中心に、
それぞれの技法の歴史も合わせて解説していく。

1. 織 小 袖

　室町時代の初期小袖はまだ、織によ
る文様表現が主で、将軍家などごく限
られた人びとは、公家装束に使用され
た唐織物の小袖を身に着けていた。唐
織とは地が経3枚の綾に緯糸を浮織で
織り入れる刺繍のような縫取織（ぬいとりおり）であ
る。もっとも古い現存資料に、鶴岡八
幡宮の御神服（鎌倉時代）があるが、
平安時代にはすでに織られていたとさ
れる。足利将軍の後ろ盾により完成し
た舞台芸能の能では、見事な演技に対
する褒美として将軍が着ている小袖を
脱ぎ与える「小袖脱ぎ」の習慣があ
り、なかには1回の興行に200領以上

図3-2　織小袖・段格子模様小袖
（室町時代、滋賀・兵主大社所蔵、長崎巌『日本の
染織4　小袖』京都書院，1993年）

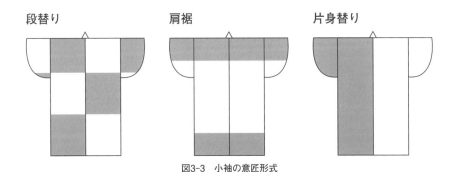

段替り　　　　　肩裾　　　　　片身替り

図3-3　小袖の意匠形式

もの小袖類が与えられたという記録も残る。そのため伝存する能装束には室町時代末から桃山時代の唐織物の小袖が含まれており、初期小袖の多くが、片身替り、段替り、肩裾といった意匠形式であったことがわかる。

2．刺繍と摺箔

(1) 刺　　　繍

　刺繍とは色糸を用いて布帛（麻・木綿および絹）に直接文様を施す加飾技法をさす。もっとも簡単に、そしてもっとも自由に複雑に文様を表現でき、服飾品に限らず室内装飾にも行われてきた。

　飛鳥時代の《天寿国繍帳》（奈良・中宮寺蔵）は、622年に没した聖徳太子の冥福を祈り繍われた帳で、日本でもっとも古い刺繍資料である。現在は1枚の繍帳に、飛鳥時代の作成当時と鎌倉時代に模造された部分の2種類が混在しているが、飛鳥時代の部分は紫色の紋羅地（捩り織りの羅で捩り方の変化で文様を意図的に作る）に強撚糸で纏繍（返し縫）により隙間なく刺繍されている。続く奈良時代の正倉院の作例に見られる平繍や繻子繍は、鎌倉時代の繍仏や室町時代の舞楽装束の渡し繍へと通じる特徴をもつ。

　室町・桃山時代の小袖に施される刺繍の多くは、無撚の平糸を用いた渡し繍である。渡し繍は刺繍糸が帛（絹織物）の裏を通らず、表のみ行き来する。肩裾の意匠形式をベースにふっくらとした柔らかい刺繍で植物や花鳥の文様を表し、文様の途中で刺繍糸の色が急に変わる色替りがあるのが桃山刺繍の特色である。近世に入ると、刺繍の傾向は精緻な表現へと推移する。武家の打掛に見られる刺繍は精緻の極みといえる。一方で、染色後に刺繍を施す手法はすでに室町期の辻が花染にも見られ、その後、慶長小袖や寛文小袖、17世紀後半以降始まった友禅染でも行われた。

(2) 摺　　　箔

　布帛の表面に金や銀の箔を貼ることで文様を表す技法を摺箔という。日本の摺箔は、鎌倉時代に中国から渡ってきた印金の袈裟の影響を受けて中世以降に発展したとされる。中国の印金には、文様部分の接着剤を筆や型で置いてから箔を置き余分な箔を落とす方法と接着剤入りの箔を筆で直接描く2種類の方法

がある。しかし日本でとくに発達した摺箔の技法は、型紙で糊置きをして箔を接着する方法であった。

(3) 繍箔 (刺繍＋摺箔)

　刺繍と摺箔を複合的に組み合わせて加飾する技法を繍箔といい、桃山時代から近世初頭、とくに武家女性の小袖に多く行われた。秀吉の正室高台院所用とされる打掛（小袖を重ねた一番上に着流す衣）は亀甲文様と花菱紋の刺繍の隙間に銀箔を埋めている。「春草桐模様肩裾小袖」（京都・浦嶋神社）では渡し繍で植物文様を表し、その合間に摺箔を施す。金と同じく高価な紅糸と摺箔の取り合わせは絢爛豪華な桃山時

図3-4　肩裾小袖 (繍箔)
(桃山時代, 京都・浦嶋神社所蔵, 長崎巌『日本の染織4　小袖』京都書院, 1993年)

代そのものである。続く江戸時代初期に現れた慶長小袖はまったく雰囲気の異なる繍箔小袖であった。地色を黒・紅・白などに縫い締め絞りで大きく染め分け、細かな文様表現の摺箔、刺繍、鹿子絞りで地が見えないほど埋め尽くしたため、「地なし小袖」とも称された。

3．絞りと描絵

(1) 絞　　り

　絞りは、文様部分を糸で括る、縫い締める、巻き締めることによって染料が入らないようにする防染技法である。日本では古くから行われ、染の表現や名称が変化してきた。正倉院に伝わる奈良時代の「纈（ゆはた）」には布帛の一部をつまんで括る「一目絞り」や布帛を巻いて束ねた後に括る「巻き締め絞り」などがある。正倉院の纈は近世の鹿子絞りとは異なり、大らかで文様の変化も少ない。『枕草子』や『源氏物語』によると、「纈」は平安時代に入り、「纐纈（こうけち）」「くくり物」「目染（めぞめ）」と呼ばれるようになった。鎌倉・室町時代には軍記物に「三つ目

結」「四つ目結」などと記されており、これらは一目絞りかそれに準ずる素朴な染であった。

　小袖における絞りは、時代や階層によりさまざまである。室町時代から桃山時代の辻が花染による絵画的な縫い締め絞りや、近世に入り行われた匹田鹿子絞りは武家の間で着られた高級小袖を中心に展開した。また江戸時代に入り庶民の間で行われるようになった藍地の木綿絞りは、有松・鳴海絞りのように徳川家の保護奨励を受けて発展したものもあった。

(2)　描　　　絵

　文様染の一つで、布帛に染料や顔料を用いて筆で直接模様を描く方法である。筆で描くので、絵画的な表現が可能で、単純な技法のため早い時期から始まった。奈良時代の襪 (しとうず▶3) には麻地に顔料の赤や緑で草花を表したものがあり、熊野速玉大社（室町時代）には固地綾（三枚綾地に六枚綾で文様を織り出した絹地）に墨で州浜・松・波などが描かれた御神服の裳が複数伝わる。

　小袖で描絵が効果的に使われたのは辻が花染である。白く染め抜いた箇所に墨で輪郭やぼかしなどを描き加えることで辻が花染の独特の世界観を完成させた。

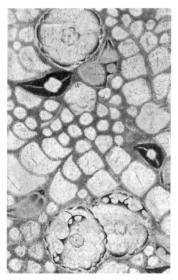

図3-5　辻が花裂・桜藤模様裂・部分
（桃山時代，千葉・国立歴史民俗博物館所蔵）

　描絵小袖でもっとも知られているものの一つに尾形光琳が筆をとったとされる「白綾地秋草模様小袖」（18世紀，東京国立博物館蔵）がある。すでに友禅染が小袖染織の主役となっていた当時、繊細な描絵による表現ができたのは画才豊かな光琳ゆえになせる業であろうが、小袖を1枚の画面としてとらえていたことをうかがわせる。

(3)　辻が花染（絞り、描絵）

　辻が花染は中世においては夏の帷子に施された模様染を指したが、現代は縫い締め絞りと描絵を組み合わせた技法全般をさす。帛に草花などの文様の輪郭を縫い締め

て白く染め抜いた後、墨により細部の
描線やぼかしを描き、時には摺箔や刺
繡を加えることで、ヴァリエーション
豊かな表現が実現した。もっとも古い
とされる資料に紬地の「緑地藤花文様
辻が花裂」（享禄3［1530］年）がある
が、ほかに家康が秀吉から拝領した練
緯地の胴服などが代表的な作例として
知られる。ただ、輪郭線を縫い締めた
文様を連続して表すには高度な技術が
必要であった。桃山時代にもっとも隆
盛した辻が花染は慶長小袖が出現する
頃には下火となりやがて見られなく
なった。

図3-6　寛文小袖・西行桜
（『御ひいなかた（上）44丁表』1667［寛文7］年）

(4)　寛文小袖（絞り主体の大胆な意匠表現）

　17世紀半ばを過ぎると、経済的に力をつけた町人が、これまでにない大胆な
構図の小袖を好むようになった。寛文小袖の名称は、寛文期に出版された小袖
雛形本『御ひいなかた』（1667年）に多く見られることからつけられた。縫い締
め絞りによる大きな区画と鹿子絞りや刺繡で細部を埋めながら、左肩から右裾
にかけて文様を大きく流れるように配置するのが特徴である。寛文小袖の魅力
は文様の大胆さだけでなく、文様に機知的内容が込められることが多い点にあ
る。たとえば、波に矢羽と扇を組み合わせ、平家物語で那須与一が扇を射落と
す場面を連想させる。また、雪輪に桜を散らし、「西行」の大きな文字を合わ
せて、世阿弥の能『西行桜』を表す。このように、動植物や器物、文字を組み
合わせることで、平安文学、能楽、百人一首などを連想させる遊び心は、教養
をも示すしゃれた流行であった。町人が新しい文化の担い手として存在感を示
し始めたことの表れといえる。

4. 型　　染

　日本で「型染」と聞いて連想するのは、小袖に行われた紙型による防染模様染だが、染織史をたどると、さまざまな型染が行われてきたことがわかる。

(1) 「﨟纈」と「夾纈」

　奈良時代には2種類の型染がみられる。﨟纈は、蠟で覆った部分に染料が浸みずに文様を白く染め残す防染技法である。正倉院の﨟纈は、手描きのものが少なく、型でスタンプのように蠟を置いたものが多い。夾纈は、折り畳んだ布帛を、文様を凸彫りした一対の型板できつく挟むことで凸彫りの部分が白く防染される技法である。板の凹部にあけた孔から染料を注ぐと左右対称で多色の染が可能で、畳んだり挟んだりしやすい薄い平絹や羅が好まれた。

　中世には「板締」が行われた。10枚以上の板の片面または両面に文様を凸彫りし、布帛をジグザグに挟み込み、両側からきつく締めて染料を注ぐと、防染部分の白と地色との単色染ができる。室町時代の作例として、蝶の群文様を白く染め抜いた半臂（天野社蔵）が伝えられている。中世の板締関連の資料が少ないなか、2003年にあらたに報告された出土品として、鎌倉市若宮大路周辺遺跡群で発見された檜製の板締染型板（13世紀）がある。木製の型板は朽ちやすく残らないため、きわめて珍しい発見として注目された。

(2) 摺　　絵

　文様を凸彫りにした木型に墨をつけ、布に直接摺りつける技法を「摺絵」という。室町時代の舞楽装束「蛮絵」は、炎のような気を出す獅子や熊を円形にデザインし、猛々しい雰囲気を醸し出すことからその名がついた。東寺の蛮絵褐衣や金剛峰寺の袍などの蛮絵からは、摺った後に獅子の口や目元に朱を入れていることがわかる。蛮絵に用いられたとみられる法隆寺伝来の木製の摺型も残されている。

(3) 小袖に用いられた型染／紙型による型染

　紙型を用いた糊防染は、中世以降の日本で独自の発達を遂げ、小紋、中形、琉球の紅型、江戸時代後期からの型友禅など、広い範囲で行われた技法である。しかし現存資料は非常に乏しく、奈良時代以前の蠟防染から中世以降の糊防染へ移行したきっかけや時期は定かではない。もっとも古い作例とされるのは「伝

義経籠手」（春日大社蔵, 南北朝時代）で、藍色の麻地に藤の丸紋が白く染め抜かれている。平安時代末から鎌倉時代の絵巻物には紙型による型染とみられる衣服の庶民や下級武士が描かれ、江戸時代初期の《職人尽絵》（喜多院蔵）では型付職人の作業風景が描かれている。こうした背景から、紙型による型染は少なくとも平安時代末以降行われ、江戸時代初期頃までには一般的に知られていたとされる。以下に、とくに広がりをみせた小紋と中形について解説する。

① 小紋

　極小の文様を彫った型紙を用いて布帛の片面に糊置きした後に地染めをすることで、糊を置いた模様部分が白く染め残る。小紋の魅力は職人技による精緻な文様のくり返しが生み出す美しさにある。型紙の彫刻技術、型の継ぎ目がわからないように糊を置く技術、染の技術のすべてが集約している。文様の種類は、丸紋の連続である鮫や菊、縞の連続である万筋、千筋、よろけ縞、小桜・松葉などの単位文様の連続など、大変豊富である。

　現存資料には上杉謙信所用の小紋帷子（16世紀, 上杉神社蔵）、徳川家康所用胴服（16～17世紀, 日光東照宮蔵）などがあり、武家の支配者層が早い時期から小紋を身に着けたことがわかる。江戸時代に武家の一般的な衣服として着られるようになった裃にも小紋が用いられ、その細密さはなお、追究された。一方で京では庶民層も早くから小紋を着ていたことが、染（そめ）の名称と代金を記した『染代覚帳』（1683［天和3］年, 三井文庫蔵）から明らかになっている。小紋は、紬や木綿、麻布に至るまで染められていた。[4]また、江戸時代後期の浮世絵では藍や鼠、茶色などの渋い地色の小紋を着る遊女や町人の姿が描かれている。この頃には粋の文化として江戸でも広がりをみせていた。

② 中形

　小紋と同様、紙型を用いた糊防染で模様の大きさが小紋に対してやや大きい"中くらい"である。中形の場合は糊を布の両面に置いて浸染することで模様を染め出すため、白がはっきりと浮き出る効果が高い。模様を白く染め残す地染中形と、地を白く染め残す地白中形があり、主に木綿に染めて浴衣地とされた。井原西鶴の浮世草子では中形を着用する人物がたびたび描かれており、江戸時代中期頃から浸透していたことがわかる。

図3-7　中形型紙（1752［宝暦２］年，東京藝術大学所蔵）

コラム　守り伝える現代の伝統「注染」

　日本人の着物離れが言われて久しいが、毎年夏祭りや花火大会などでは、浴衣を着て楽しむ人々の姿をしばしば見ることができる。木綿地に蝶・蜻蛉などの虫、植物、団扇・風鈴・花火といった昔ながらの模様が染められる浴衣は、絹物に比べて気軽に着られ、夏の風物詩の一つとして今なお日本の伝統を紡ぎ続けている。

　その模様を施す染色技法は、時代とともに変化してきた。本章で述べたように、浴衣は江戸時代中期頃から始まった中形に端を発し、その後近代以降は長板中形として引き継がれた。一方で、江戸時代末までに手拭を染めるために完成していた注染（または、注込み染、手拭染）という染色技法が、明治時代後期までに浴衣の染にも用いられるようになった。注染は、屏風畳みした反物の両面に糊防染を施して染料を注ぎ込み、注染台の下から余分な染料を吸引する方法により、一度に複数枚を染めることができる。効率の良い注染が、大量生産・消費へと向かった近代日本で受容され、浴衣染の主流へと移行したのは自然な流れであった。

　注染の活況の時代を別の視点から見てみよう。第１次世界大戦後、日本の経済は上向きで、消費生活は好調だった。衣生活においては和装と洋装が混在しており、浴衣はそれまでの寝巻や夏の部屋着といったプライベートな日常着から、ちょっとした外出にも着られるお洒落着として注目され始めていた。1920年６月、婦人雑誌『主婦之友』では、三越で行われた「浴衣地新柄陳列会」を取材して浴衣の特集記事を組んだ。ここでは、上質の縮地や真岡地を用いた中形浴衣以外に手拭染（注染）の浴衣に注目し、これが新しい上に安価であることを好意的に紹介した。そして1925年、『主婦之友』は創刊８年を記念し、誌面を通じて浴衣の図案懸賞募集企画を始めた。審査員には与謝野晶子や小林古径などの著名人を招き、読者から募った浴衣の図案から優

秀作品を選んで誌面で発表した。入選者には懸賞金が与えられ、その図案が注染を用いた『主婦之友浴衣』の反物として全国で販売された。この企画は大変な人気を集め、多い年には14000枚を超える応募数を記録した。さらに誌面では、浴衣地による婦人服や子供服の作り方も特集された。11年続いた『主婦之友浴衣』は、第2次世界大戦が近づくと誌面から姿を消した。しかし浴衣を巡る活況が物語っているように、注染は近代日本の新しい衣生活文化を確実に支えていたのである。

　近年、浴衣染にはシルクスクリーンや型の不要なインクジェットによるプリントが多く採用されている。染型紙が必要な注染浴衣はもはや高級品となり、染型紙を彫る職人も、注染を続ける染色業者も減少した。しかし、かつて『主婦之友浴衣』を支えた染色業者は、今も東京日本橋で老舗の暖簾を守り続けている。培ってきた伝統をどのような形で引き継ぐのか、模索が続くなか、残されている染型紙を文化財として次世代に残そうとする動きが始まった。私たち日本人が誇るべき伝統を、1つでも多く残すために何ができるのか。今まさに、真剣な取り組みが求められている。

（沢尾　絵）

5. 友　禅　染

　友禅染は糊置き防染による多色模様染の1つで現代の着物模様を表す名称のなかでももっともよく知られている。友禅染が始まった17世紀後半当時に行われていた技法の全容は解明されていないが、友禅染により「糸目糊（いとめのり）」という糊防染による線描と、染料を直接刷毛で塗る「色挿し（いろさ）」により多色の染が可能となったのは画期的なことであった。染の工程は何段階にも及び、糯糊（もちのり）とゴム糊では手順も異なる。糯糊を使用する場合は、青花で下絵描きした線に沿い糊筒で防染糊を細く置き（糸目糊置き）、布海苔・豆汁（ごじる）で地入れして色挿しを行い、蒸して色を定着させる。最後に文様染の部分を糊で覆い（伏せ糊置き）、引染で地色を入れ、染め上げたら余分な糊や染料を洗い落とし、摺箔や刺繍で加飾する。現在はゴム糊が主流となり、文様部分の糸目糊置きと糊伏せの後、まずは地染めを行い、後から色挿しを行うようになった。

　「友禅」の名称が出てきた経緯については、当時の様子を知らせる文献や小袖雛形本の記述からある程度のことがわかっている。すでに述べたように、江戸時代前期までの小袖の加飾技法は、描絵・絞り・刺繍・摺箔が主であった。

図3-8　染分縮緬地源氏物語文様友禅小袖
(江戸時代中期，丸紅株式会社，京都文化博物館所蔵)

しかし17世紀半ば頃には、富裕町人層を中心に贅沢な風潮が増し、幕府はたびたび禁令を出しては華美な服装を制限するようになった。とりわけ天和3（1683）年の禁令は女性の小袖に対して金糸、刺繍、総鹿子の使用を禁止するもので、これが染模様主体の小袖へと変化するきっかけとなったとされる。翌年出版の小袖雛形本『当世早流雛形』（天和4年）で「唐染　正平しぼりしゃむろさらさ霜ふり」といったさまざまな染色名称が見られることは、禁令により新しい加飾技法を染に求めて試行錯誤した当時の様子を示している。

　同じ頃、扇絵師宮崎友禅斎が描く扇絵は大変な人気を博しており、井原西鶴の浮世草子でも取り上げられるほどであった。友禅が描く繊細な植物、風景、扇面模様、判じ絵を小袖に染め付け、「ゆふぜん」と呼ぶようになったことが1680年代後半から90年代の小袖雛形本からわかる。この当時は染の技法ではなく友禅が描いたような図案に対して「ゆふぜん」の名称があてられており、染技法は別の人の手により編み出されたのであった。

　友禅染の出現以降、天和の禁令後に一時見られたさまざまな染色名称は姿を消す。友禅染は小袖染織の歴史を大きく塗り替え、その後300年以上経った現代においても、着物の模様染には欠かせない。「友禅」はまさに、日本の模様染の花形的存在といえる。

6．絣

　機で織る前に文様を想定し、あらかじめ糸を斑に染め分けた絣糸を用いることで文様を織り出す。日本では糸の染め分けに数種類の方法が発達した。染めない部分を作るために糸で「括る」方法、「締め機」や「板締」による防染、

部分的に直接染料を摺り込む「捺染」などである。この絣糸を経糸、緯糸、または経緯糸に用いることでそれぞれ、経絣、緯絣、経緯絣という。琉球絣や日本の絣では文様が効果的に表れる平織が多く用いられてきた。

　絣に関する古い資料は非常に乏しい。現存する最古の資料は、法隆寺に伝わる絹絣の《太子広道》（7〜8世紀）だが、色や文様から舶来の品とされる。室町時代になると、経糸を織幅分すべて染め分け、経糸と同じ色の緯糸を織り入れた「締切」という技法により、武家男子が着用する「熨斗目小袖」が作られた。「紫白腰替り織物小袖」（16世紀，上杉神社蔵）はその代表的な作例として知られ、同時期の絵画にも武家の男性が肩衣袴の下に腰替りの熨斗目小袖を着る姿が描かれている。絹織物の西陣では絣はさほど織られなかったが、江戸時代後期に織られた武家用の熨斗目が残っている。

　いわゆる日本の絵絣、すなわち糸を括って防染した絣糸を用いて文様を織り出す絣が始まったのは江戸時代後期頃からで、その背景には、近世初頭以降に舶載された絣織物や琉球絣の影響が大いにあったとされる。江戸時代後期の浮世絵には井桁文様の絣の小袖をまとった女性がさかんに描かれており、日本の各地で絵絣が発達したのは幕末以降であったとされる。

7．縞・格子

　縞と格子は見た目の文様が異なるため、別々にとらえがちである。しかし織物としては、2色以上の糸を用いて、これを経糸に配列すれば縦縞、緯糸に配列すれば横縞、経緯に配列すれば格子縞というわずかな違いしかない。

　室町時代頃までは縞模様の織物は「筋」「格子」と呼ばれていたが、近世に入り南蛮船・紅毛船が舶載した多様な縞織物を「嶋渡り」「島物」と呼ぶようになり、縞の文字をあてるようになったのは近世後期からである。また、舶載

図3-9　縞の小袖・鈴木晴信「風俗四季哥仙　水無月」部分（1768〔明和5〕年頃，慶應義塾大学所蔵）

の縞織物の多くが、当時の日本には珍しい木綿だったため、その影響を受けて藍染を中心とした縞織が行われるようになった。

縞模様の小袖を着けた人物の姿は絵画に残されている。早い時期では、近世初期風俗画（17世紀前半）のなかに、しゃれた男性が縞模様の袴や小袖をまとう姿が見られる。江戸時代後期の浮世絵には、絣と並び縞の小袖を着た遊女や歌舞伎役者の姿がさかんに描かれている。一般庶民の間で「粋」な縞模様は欠かせないものとなっていた。縞の種類も、万筋、千筋、大名縞、よろけ縞等、また、歌舞伎にちなんだ弁慶格子や市松格子、産地にちなんだ八丈縞、上田縞ほか、多岐に及んだ。

5 ≫ 現代に引き継がれる伝統染織技法

1. 文化財保護と重要無形文化財

明治維新により日本は近代化が進み、社会状況が大きく変化したが、人びとの生活様式や生活文化は伝統工芸と結びつきながら残されてきた。しかしこの生活文化も、第二次世界大戦をきっかけとした激変には抗えなかった。戦後の窮乏のさなか、伝統工芸がもはや風前の灯火となりかけていたその頃、合理的で迅速な西洋式の生活文化は瞬く間に民間に浸透していった。しかし一方で、日本固有の伝統文化や精神文化が失われていくことを危惧する声も高まっていた。伝統的な工芸技術や芸能は、日本の精神文化を伝えるツールとして改めてその価値が見直され、これを保護・育成・伝承していくべきとの動きがおこった。

昭和25（1950）年、文化財保護法が制定され、建造物や美術工芸品（絵画、彫刻、工芸品、書籍・典籍、古文書ほか）といった「物」を対象とする有形文化財とともに、演劇・芸能・工芸技術などのように、個人や団体が伝承しながら体得してきた「技」そのものが、保護・育成すべき無形文化財として選定された（昭和27年）。たびたびの法改正が行われた後、現在は、芸術上または歴史上とくに価値の高い技芸や技術を高度に体得している個人または集団を「保持者」や「保持団体」として文部科学大臣が認定する制度が運用されている。今やだれもが

知る「人間国宝」という言葉は、「技」の「保持者」として重要無形文化財の
各個認定を受けた人に対する通称である。

２．無形文化財「染織」

　本章では小袖に行われてきた染織の特徴を見てきたが、その多くは現在、無
形文化財に認定され、そのなかから重要無形文化財の「保持者」「保持団体」
に認定される形でその「技」が伝えられている。刺繍、友禅、江戸小紋、長板
中形、伊勢型紙（小紋や長板中形の染型紙）、木版摺更紗、正藍染、紬織、紬縞
織・絣織、紅型、芭蕉布、読谷山花織、精好仙台平（袴地）、献上博多織（帯
地）、佐賀錦などは小袖や小袖服飾に直接つながる染織技法である。また、公
家装束に用いられてきた紋紗、羅、有職織物、唐組のほか、上代にまでさかの
ぼる経錦や綴の技も伝えられている。重要無形文化財「保持団体」としては、
伊勢型紙技術保存会、喜如嘉の芭蕉布保存会、久米島紬保持団体、久留米絣技
術保持者会、宮古上布保持団体、本場結城紬技術保持会、越後上布・小千谷縮
技術保存協会がある。

　大切に守り伝えられてきた日本の伝統染織品を、その本来の用の美という精
神をふまえながらいかにして活用・展開していくのか。今後、新しい世代に求
められる課題である。

■注

▶ 1　上下ひと続きの着物全般。
▶ 2　「ぬの」という言葉は現在では多様な意味をもつが、染織史においては基本的な使い分けがある。
　　　「布」は麻や木綿（中世以降）等の雑繊維、「帛」は絹織物、「布帛」は麻、木綿および絹織物を
　　　表す総称である。
▶ 3　靴や沓の下にはく足袋の役割をしたものをさし、正倉院には奈良時代の襪が伝来している。
▶ 4　「三井文庫所蔵『染代覚帳』の考察（下）：染色および加工名称について」『MUSEUM』，
　　　Vol.636, 2012年, pp.7-21

■参 考 文 献

沢尾　絵「小林家の浴衣を通してみる1920-1930年代の大衆浴衣」日本女子大学総合研究所紀要25，
　　pp.29-42, 2022年
大久保尚子「江戸東京の誂え手拭の文化と「注込み」染の登場：19世紀前中期における初期注染技法
　　とその背景―」人文社会学論叢30, 宮城学院女子大学人文社会科学研究所, 2021年, pp.1-25

神谷栄子『日本の美術67　小袖』至文堂，1971年
澤田むつ代編『日本の美術263　染織（原始・古代編）』至文堂，1988年
小笠原小枝編『日本の美術264　染織（中世編）』至文堂，1988年
谷田閲次・小池三枝共著『日本服飾史』光生館，1989年
小笠原小枝『染と織の鑑賞基礎知識』至文堂，1998年
河上繁樹・藤井健三『織りと染めの歴史　日本編』昭和堂，1999年
文化庁文化財保護部伝統文化課編「日本のわざと美展　重要無形文化財とそれを支える人々」展覧会
　　カタログ，秋田県立博物館・石川県立博物館，1997年
東京国立博物館・九州国立博物館編「国宝　大神社展」展覧会カタログ，NHK，2013・2014年
東京国立博物館編「人間国宝展　生み出された美、伝えゆくわざ」展覧会カタログ，NHK，2014年

コラム　伝統工芸にふれる

　日本伝統工芸展を訪れたことがあるだろうか。文化庁・東京都教育委員会・NHK・朝日新聞社・公益財団法人日本工芸会主催で開催する工芸技術分野の公募展である。文化財保護法の趣旨に沿い、歴史上・芸術上価値の高い工芸技術を保護・育成することを目的に、重要無形文化財を認定する制度が発足した1954（昭和29）年より毎年行われ、2023年で第70回を迎えた。入選した出品作品のうち、とくに優秀なものには賞が贈られる（ただし、重要無形文化財保持者や審査委員などを除く）。本展覧会では、工芸技術全7部門（染織、陶芸、漆芸、金工、木竹工、人形、その他の工芸）の作品が受賞作品を筆頭に一堂に会するため、日本の現在の伝統工芸を一度に知ることができる。日本の服飾を支えてきた染織史のまさに現在の姿・最高の技にふれるだけでなく、さまざまな日本の工芸の一分野として染織をとらえられるまたとない機会であろう。日本人が守り伝えてきた伝統工芸を通して、古くから育まれてきた日本の美しい文化を深く理解し、日本文化の現状や将来への展望を考えるヒントとしてほしい。

（沢尾　絵）

Chapter 04

仕立て替えの文化

田中淑江

小袖・能装束の修復実例を通して

　現在、衣服はデザインが豊富で安価で手軽に自分のものになるようになった。私たちは衣服を単なる消耗品として考えるようになってしまったのであろうか。日本人にとって、伝統的衣服である和服が日常着であった時代、妻、母は心を込めて家族のために衣服を整え、家族は絆を深めた。またその衣服は繕われ、くり返し、仕立て替えなどをして無駄なく大切に使い尽くされた。

　歴史をさかのぼると、法隆寺に伝わる「糞掃衣（七条刺納袈裟）」（8世紀，法隆寺献納宝物・東京国立博物館蔵）は人が不要とし、または寄進した衣料を再利用して作られたといわれる袈裟である。人から人へ伝わった裂を用いること、また1針1針刺す行為が信仰と深く関わってくるのであろう。このように、日本の衣服の再生文化の歴史は長い。

　本章では江戸時代を彩った小袖や、能装束を染織文化財の修復という立場からとらえる。この時代にみる仕立て替えの文化には、現代の衣生活、とりわけ伝統的衣服である和服に継承の可能性があるのか、今一度立ち止まり考えてみたい。

1 ≫ 小袖の修復に見る仕立て替え

1．小袖の概要

(1)　小袖の成立

　現在の「着物」の原形である小袖は、平安時代の女房装束（十二単）にみられる袖口が広く開いた広袖に対して、袖口が狭く縫い詰まった仕立てになっている衣服をさす。その形状の起源は、貴族階級の人びとが着用した下着や庶民の日常着に由来すると考えられている。室町時代中頃、武家の台頭と公家の下降による政治の変化、文化の変動期を経て、世のなかの移り変わりとともに

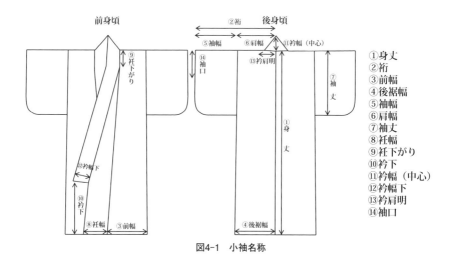

図4-1　小袖名称

① 身丈
② 裄
③ 前幅
④ 後裾幅
⑤ 袖幅
⑥ 肩幅
⑦ 袖丈
⑧ 衽幅
⑨ 衽下がり
⑩ 衽下
⑪ 衿幅（中心）
⑫ 衿幅下
⑬ 衿肩明
⑭ 袖口

小袖形式が成立した。

(2)　小袖の名称

　小袖の名称は図4-1に示した通りである。名称には衣編が使用され興味深い。また決まりごととして小袖着用の際、着用者から見て左身頃が、右身頃の上に重なるようにする。この時、上になる身頃（左身頃）を上前、下になる身頃を下前と称する。さらに、前身頃側に見える袖を内袖、後身頃側から見える袖を外袖と称する。

(3)　構　　成

　小袖では長方形の長い反物を、直線に裁断し、すべてのパーツはほぼ長方形となる。室町時代中期頃から桃山時代に制作された小袖を初期小袖と称するが、この小袖を例にあげる。初期小袖の裁断図を図4-2に示す。このパーツを縫い合わせる時、縫い代は裁ち落とすことなく、すべて縫い込む。したがって縫い

図4-2　初期小袖裁断図

目を解くと裁断した際の長方形と台形の大きなパーツがそのまま現れる。布の面積が広ければ利用価値が高い。このように小袖の特徴を習得すると、小袖の再利用可能な条件が理解でき、仕立て替えの原理がみえてくる。

２．修復実例：根津美術館所蔵「白地石畳に将棋駒模様小袖」

(1) 修復について

　博物館、美術館に所蔵される染織文化財は、長い年月を経て現在に至っている。文化財のなかでも小袖は繊細な絹を用いるものが多くを占める。そのため使用による損傷や、経年劣化により繊維が脆弱化しやすく、作品を安全に展示することができない状態となる。このような場合、作品を安定した状態にし、次世代に日本の染織技術を伝えるために修復が必要となる。

(2) 作品について

　ここでは筆者が修復に携わった根津美術館所蔵「白地石畳に将棋駒模様小袖」を取り上げる。図4-3は修復後の姿である。小袖の模様は将棋盤を見立てた石畳に、身頃右肩に向かい前身頃、後身頃からそれぞれ将棋駒が置かれ、あたかも対戦しているかのように動きがあり斬新な表現である。制作年代は17世紀後半、江戸時代の一時代を華やかに彩った「寛文小袖」▶3と称される小袖の一

図4-3　白地石畳に将棋駒模様小袖　後身頃（左）・前身頃（右）（根津美術館所蔵）

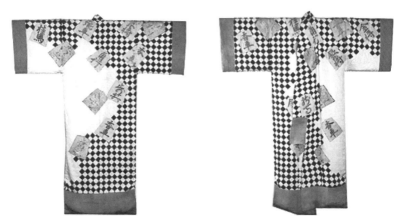

図4-4　白地石畳に将棋駒模様夜着　後身頃（左）・前身頃（右）（根津美術館所蔵）

群に属する作品である。

　この小袖とはじめて向き合った時は、「夜着」の形状であった（図4-4）。夜着とは一般に掛け布団の役割をする夜具である。江戸時代に制作された本作品は、いつかは不明であるが、着古され日常着としての役目を果たした後、小袖から夜着へと仕立て替えされたのである。

(3) 修 復 方 法

　夜着としての作品の状態は、表地全体の脆弱化がすすみ、部分的に穴が開いていた。さらに将棋の駒模様の刺繡や金糸がはずれ、また文字がずれ、縫い代のなかに入り込んでいた。裏地は麻が用いられているため摩擦により表地の絹の損傷をさらに悪化させる危険性があった。この状態は美術館で展示する作品としては安全性を欠き、損傷箇所は作品の価値を損ねていた。したがって修復処置として作品のすべての縫い目を解き、1つ1つのパーツの損傷箇所を修復し、さらに布の裏側から補強裂による全体裏打ちを行った。裏地は絹で新調した。

(4) 修復による新知見

　修復ですべてのパーツを引き解くと、普段見ることのできない裏側の情報を入手することができる。まず、作品を仕立て替えるためには寸法が必要である。縫い代には過去の縫い目跡が残り、また将棋駒模様を合わせると制作当初の寸

法を導き出すことができる。さらに小袖を構成する各パーツの形状の特徴やこのパーツをパズルのように組み合わせると、使用された反物の丈幅が判明し、制作時代を探る手がかりの１つとなる。これらのことからこの作品の制作年代は、17世紀、さらに絞ると元禄以前の特徴を兼ね備えていることが確認できた。また、修復前は模様の石畳や将棋駒の鹿の子の表現技法は手絞りによるものか、型で摺ったものなのか判断が不確かであった。しかし、修復で裂の裏側を確認することで、染料が裏側まで浸透していることから手絞りによる手の込んだ贅を尽くした作品であることが判明した。以上のように、修復により得られた確かな情報は作品に普遍的価値を付加することとなる。

３．小袖の仕立て替えと日本人

「白地石畳に将棋駒模様小袖」は修復により夜着から制作当初のオリジナルの形状である小袖となった。この小袖は贅を尽くした作品であったので、持ち主は、大切に着続け、着古した後も仕立て替えをして室内着である夜着として使用することを望んだのであろう。古くから人びとにとって布は貴重であり、着物は財産であった。愛用の小袖が着古されれば仕立て替えをし、衣服を大切に思う心がそこに存在していたことを小袖は物語っている。

2 ≫ 能装束の修復に見る仕立て替え

１．能装束の概要

(1) 能楽と能装束

能楽は2001年にユネスコ（国際連合教育科学文化機間）の「世界無形遺産」として、世界に認められた600年の歴史を誇る日本の伝統芸能である。

その成立時期は14世紀後半に、観阿弥（1333-1384）、世阿弥（1363?-1443?）父子により今日に伝わる芸術性の高い舞台芸能として大成された。主に演能を好み、能楽を庇護する立場をとったのは将軍をはじめ、武家・貴族など上流社会に属する人びとであった。江戸時代になると、徳川幕府により武家の式楽として位置づけられ、年中行事や儀礼に欠くことのできない儀式的芸能として確立した。

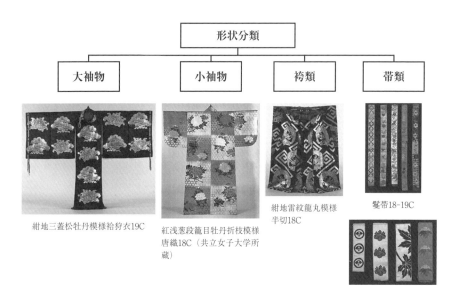

図4-5　能装束の形状分類（髙島屋史料館所蔵，写真提供：国立能楽堂）

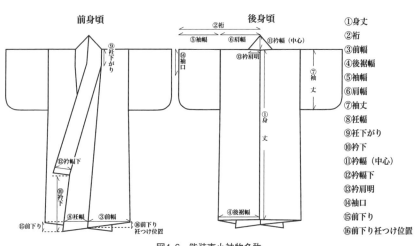

前身頃　　　　　後身頃

①身丈
②桁
③前幅
④後裾幅
⑤袖幅
⑥肩幅
⑦袖丈
⑧衽幅
⑨衽下がり
⑩衿下
⑪衿幅（中心）
⑫衿幅下
⑬衿肩明
⑭袖口
⑮前下り
⑯前下り衽つけ位置

図4-6　能装束小袖物名称

この能楽における舞台道具の１つとして重要な役割をするのが能装束である。この装束は時の権力者の後ろ盾もあり、高度な染織技法を駆使した絢爛豪華な最高級の裂地が使用され、とくに日本の近世における染織技術の発展を促したとされている。

⑵ 能装束の分類

能装束を形状で分類すると図4-5のようになる。袖口が縫いふさがれておらず広く開いた状態の「大袖物」と袖口まで縫い詰めた「小袖物」、「袴類」、「帯類」などに分類できる。能を演じる演目により、装束の組み合わせが決まってくる。

この章ではここに提示した「小袖物」に注目する。

⑶ 能装束小袖物の名称

能装束の名称を図4-6に示す。お気づきになられたかと思うが、前節の小袖と名称が同じである。唯一違うのは⑮前下り、⑯前下り衽つけ位置が能装束にはあり、小袖にはない点である。能楽が確立された頃、舞台衣装として用いられたのは日常に着用されていた小袖であった。その後、舞台装束として能装束が確立する過程で、前下がりが発生し小袖とは異なる形状となった。

２．修復実例１：東京国立博物館所蔵「浅葱地五枚笹 柳 桜 模様縫箔」

⑴ 作品の概要

本作品は17世紀初期（桃山時代後期から江戸時代初期）の制作とされている（図4-7）。現在は東京国立博物館の収蔵品であるが、以前は能楽５流派（観世流・宝生流・金春流・金剛流・喜多流）のなかの金春流が所有していた能装束であった。

名称に「縫箔」とあるが、染織技法である「刺繍（縫）」と「金銀箔置き」により模様を表現する華麗な装束のことである。

この縫箔と向き合った時は、作品の模様配置が不自然であり、布の入れ替えや、縫込みによる仕立て替えが行われていた。

⑵ 修 復 方 法

修復前の作品の状態は損傷劣化が著しく、肩山・袖山・裾・身頃腰部分・衿など身頃のあらゆる部分に横切れ、擦り切れが生じており、展示不可能な状態であった（図4-8修復前，図4-9修復後）。このようになる要因の１つとして表地と

裏地の「練緯地」の使用があげられる。これは桃山時代の小袖や能装束に多用
された裂の名称である。[4] この「練緯地」は経糸に生糸、緯糸は練糸で織られて
いる。生糸は経年劣化で固くなり、ぽきぽきと繊維が折れる現象が生じ、この
作品のような横切れの損傷状態となる。

図4-7　浅葱地五枚笹柳桜模様縫箔　後身頃（左）・前身頃（右）　（東京国立博物館所蔵）

図4-8　修復前　身頃腰部分横切れ
（東京国立博物館学芸研究課提供）

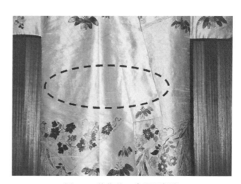

図4-9　修復後　身頃腰部分

図4-10　修復前
模様が縫い代のなかに隠れている状態
（東京国立博物館学芸研究課提供）

図4-11　修復過程
模様が縫い代のなかから現れた状態
（東京国立博物館学芸研究課提供）

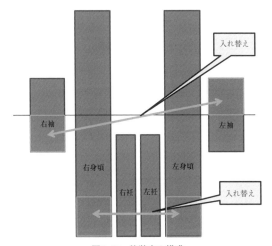

図4-12　能装束の構成

　修復処置は、すべてのパーツの縫い目を解き、それぞれのパーツの損傷個所を修復し、さらに表地の裏側から補強のために薄手の絹地を用いて裏打ちを行った。裏地は「練緯地」を新調した。

(3) 修復による新知見

修復過程ですべてのパーツを解くと、縫い代のなかに隠れていた模様が数ヵ所で現れた（図4-10, 11）。このことにより、制作当初の仕立ての寸法がほぼ明らかとなった。また修復前の左右身頃と左右衽の模様のつながりは、不自然に見えたが縫い目を解き、左右の身頃を入れ替えると、模様のつながりがスムーズになった。本来模様は、関連のある模様が規則的に並ぶように配置されているものである。なぜこのように前身頃の入れ替えを行ったのか疑問が生じる。理由を考えるとするならば演能の際、上前の身頃の裾は床にすれ損傷しやすい。したがって、下前の損傷していない身頃を上前に移動させることにより、能装束の状態の良さを保つことができるからではないか。同様に袖でも身頃とのつながりが不自然であったが、袖の一部を移動させると、身頃との模様のつながりが自然になった。

以上のように、着古され、損傷状態が著しい本作品は、左右の前身頃裾部分の入れ替え、左右の袖の入れ替えを行い、再び能装束として活用できるよう仕立て替えが行われていたことが明らかとなった（図4-12）。能装束小袖物ならではの、ほとんどのパーツが長方形で構成されている特徴を生かした、日本の伝統衣服に共通する仕立て替えの活用方法が用いられていた。

3. 修復実例2：林原美術館所蔵「紅白段雪持芭蕉模様縫箔」

(1) 作品の概要

本作品は江戸時代有力な大名家であった備前藩主池田家に伝来する能装束である（図4-13）。財団法人林原美術館（岡山）には同家伝来の能装束が500領以上所蔵されている。また同家の能装束は大倉集古館（東京）やほかの美術館にも分蔵されている。これらの能装束を合わせると膨大な数となり、当時の有力な大名家が所持していた能装束の全貌が明らかになる貴重な資料群である。

この「縫箔」は、南国の植物である芭蕉の葉に雪が乗るという大胆で斬新なデザインが刺繍で表現されている、16〜17世紀初期に制作されたとされる作品である。この刺繍は、紅白段の繻子地に箔置きがほどこされた身頃に、切り付けの技法（アップリケ、模様を縫いとめる）により縫い付けられている。詳細に述

図4-13　紅白段雪持芭蕉模様縫箔 （林原美術館所蔵）

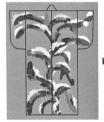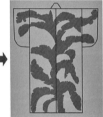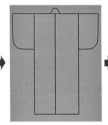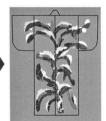

図4-14-A
オリジナル縫箔は16～17
世紀に制作

図4-14-B
刺繍部分だけ切り取られ
る

図4-14-C
18世紀に新しい小袖が仕
立てられる

図4-14-D
刺繍部分が新しい小袖に
切り付け（アップリケ）
され仕立て替えられた

図4-14　縫箔の仕立て替え

べると、刺繍部分は16～17世紀初期の制作であるが、身頃本体は18世紀に制作
されたと考えられる。刺繍部分の生地は前項で述べた「練緯地」が使用されて
おり、身頃本体は繻子地で仕立てられている。なぜ、18世紀にあらたに仕立て
られたのではと考えたのかというと、身頃の寸法が18世紀の能装束に類似する
という理由からである。

　以下に仕立て替えが行われた手順を説明する。

① 16～17世紀初期にオリジナルの能装束が仕立てられたが（図4-14-A）、その

後着古されたか、または経年劣化により制作当初の形状を維持することができなくなった。

② 人びとを魅了したであろう斬新なデザインの刺繍部分だけ身頃から切り取る（図4-14-B）。

③ この刺繍部分を生かすために18世紀にあらたに能装束が仕立てられた（図4-14-C）。

④ 制作当初の刺繍部分を切り付け技法（アップリケ）により18世紀に仕立てられたあらたな能装束に縫い付けた（図4-14-D）。

　この仕立て替えは非常に技巧的な方法で行われていたことがわかる。

(2) 修 復 方 法

　本作品の損傷状態は肩山、袖山、腰部分、裾の横切れや擦れ（繻子地）、また刺繍部分の土台となる生地（練緯地）の横切れが著しい状態であり、アップリケが外れている箇所も見られた。したがって安全にこの作品を展示できる状態ではなかった。修復処置は部分的に縫い目を解き、それぞれの箇所を修復した。

(3) 修復による新知見

　この作品の修復は、作品の一部のパーツの縫い目を解くのみの部分解体であった。縫い目を解いた縫い代には、現在の縫い目跡とは異なる位置にほかの縫い目跡が存在した。現在私たちが見ている能装束の形状になる前に、仕立て替えが行われたことがわかる。また、刺繍部分（練緯地）は切り取られた後、補強のために平絹で裏側から裏打ちが行われ、そして現在の繻子地の身頃に切り付けられ、３重構造になっていることも縫い目を解いたことで明らかとなった。さらに、裏打ちに使用されたと考えた平絹にも箔が確認できた。したがってこの作品は、現状の繻子地の縫箔になるまでに、①練緯地の縫箔②平絹地の縫箔③繻子地の縫箔と、少なくとも２回は仕立て替えられたことになる。このように「紅白段雪持芭蕉模様縫箔」は何度も仕立て替えがくり返され、能装束の形状を保ちながら継承されてきた作品である。

4．能装束の仕立て替えと武家文化

これまでみてきた能装束の仕立て替え実例から、なぜこのような複雑な仕立

て替えをしてまで能装束の形状を保つ必要があるのかという疑問が生じるかと思う。能装束が置かれた歴史的、文化的背景から考えると、「物質的価値の尊重」「美意識の継承」「社会的地位の象徴」というキーワードを導き出すことができるのではないか。

　まず当時の最高技術、時には輸入の生地により誂えた能装束は、貴重であり高価であるため大切に維持する必要性がある。

　また能装束に用いられる意匠（デザイン）は優美で華やかでありかつ上品であり、時には大胆なものまで見られる。当時の人びとだけでなく、現在の私たちをも魅了するデザインである。したがって、このすばらしい意匠を次世代へ残したい、伝えたいと思う人びとの美意識は、時代を超えて継承されることになる。

　さらに能楽を取り巻く環境が深く関連してくる。近世において能楽は式楽であったので武家にとっては嗜みであり、武家間での外交手段の１つとして、なくてはならない教養であった。当時の慣習として、能装束は時の権力者、有力者から下賜品、褒美の品として扱われることが多々あった。そのため、武家社会において、権力者から下賜された能装束を所有し、それを着用し演能に用いることは、装束をいただいたことへの感謝を示すことになるが、権力者との関係を示すことにもなる。したがって、能楽が武家社会と密接なかかわりをもっていた近世において能装束は物質的な価値があると同時に「社会的地位の象徴」すなわち、時の権力者とのかかわりを示し、家の格や社会的地位をも示す衣服としての役割を少なからずもっていたといえる。

　以上のことからこれらの価値観が備わっていた能装束は、損傷しても能装束としての形状を保つために仕立て替えられる必然性があったのである。そのことは修復より判明した手の込んだ仕立て替えの事実が証明してくれた。

　能装束は能装束の形で伝存、継承されてきたからこそ、現在においても私たちを魅了し、文化的価値が高く、今なお日本の染織技術の最高峰として位置づけられている。

3 ≫ 現代の着物に見る仕立て替えの可能性

1．着物の仕立て替え

着物が「循環型衣服」であることは、着物が日常着であった時代、日本人のだれもが知っていた。女性は農閑期に糸を紡ぎ、染め、機で布を織り、家族の着物を仕立てた。着古された着物は、寝間着や子ども用着物、布団カバーとなり、さらにおむつや雑布へと仕立て替え、利用される。最後は燃やされ灰になり、その灰は洗剤、肥料、染物をする際の色の定着剤である媒染剤として活用される。すべて無駄なく使い尽くされ、再び衣服に還元される。このように1枚の衣服が日常生活のなかで着用され、利用し尽くされてきたのである。

2．仕立て替えの実例

⑴　現在の若者と着物

若者にとって日本の伝統衣服として位置づけられる和服はどのような存在なのであろうか。着てみたいけれど着方がわからない、窮屈そう、古臭い、個性を表現するための特別な衣服などさまざまな声が聞こえてきそうだ。近年、夏の浴衣姿が定番になったことは周知の通りである。またここ数年の間に一部の

図4-15　長谷川紗織制作「創作段替わりの中振袖」　後身頃（左）・前身頃（右）

図4-16　縞の段替わりに枝垂桜文厚板（林原美術館所蔵）

図4-17　制作者着装姿

若者ではあるが、着物を着てみたいと思う意思が芽生え、実際に日常生活、学校生活に着装する人たちが現れてきた。和服を特別な、フォーマルな衣服という従来の認識にとらわれず、自己表現としての衣服として、またカジュアルな衣服として楽しむ姿に、筆者は新しい和服のイメージが作り出され始めたことを身近に感じ、今後の若者と和服のかかわりに期待を抱いている。

　そのような若者のなかには日本に伝わる和服の伝統文化を学び、和裁の技術を習得することで、自分の着物を作りたいと思い、さらには着物を再生して自分だけのお気に入りの着物を作ることへと発展させた人たちもいる。

(2)　着物の仕立て替えの実例

　ここにあげる作品は、共立女子大学家政学部被服学科被服平面造形研究室の卒業制作を履修した学生の作品である。各自の思いを着物の再生というコンセプトに基づき仕立て替えを行い、自分のお気に入りの着物を制作することで表現した。

①　アンティークの子ども物からおとな物へ

　制作者は、アンティークの子ども物の着物を数枚用いて自分好みの実際に着

用するためのおとな物へと仕立て替えを行った（図4-15）。アンティークの子ども物は現代物とは異なる色合いや、吉祥模様の表現など可愛らしいものが多い。子ども物の着物は親が子どもの成長を願い、心を込めて誂えるが、その着用期間は短く、丈や幅が短く仕立て直しの可能性が低いため、その後活用される機会が少ない。しかし、数枚の子ども物着物を用い、丈、幅を補うことでおとな物の着物へと仕立て替えの可能性を試みた。デザインは桃山、江戸時代に能装束に用いられた段替わりから発想を得て、応用した（図4-5「小袖」，図4-16）。段替わりは横の切り替えにより模様が表現されるが、本作品では縦の切り替えも取り入れ、反物幅を広げるという機能面と、市販の反物では満たすことのできない、自分好みのデザインの反物を制作するという個性と美意識を兼ね備えた着物へと発展させた。子ども物の有効活用の可能性を示す仕立て替えの例である（図4-17）。

② 祖母から孫へ、人から人へ

　制作者は祖母が自分のために子どもの時に誂えてくれた反物を母親から譲り受けた。この反物は現代にはあまり見られない子どもらしい柄であったので、孫である制作者は非常に気に入り、おとな物へと仕立てた（図4-18）。子ども物の反物だったため、丈が足りず、それを補うためにアンティークショップで5枚の子ども物着物を入手した。これらの着物は損傷した箇所があったとしても、使用できる部分のみを用いるという着物の再利用を目的として選んだ。それぞれの着物を解き、使用できる箇所を裁断し、つなぎ合わせ、多様な色と柄で自分好みの反物を作り、そしてそれを用いて着物に仕立て直した。なお、祖母から譲り受けた反物は必要以上に裁断はせず、最大限大きな生地として用いた（図4-19）。

　この着物では、孫が健やかに成長することを願う心の込もった祖母から譲り受けた反物と、アンティークショップで以前だれかが大切に着用した思い出が詰まった着物を用いることで、人から人へと伝わる思いや、物を永く大切に扱う日本人の心を表現した。なお、生地の残布では、髪飾りや手持ちくす玉、指輪やイヤーカフをつまみ細工の技法を応用して制作し、切り刻んだ小さな裂は最後まで無駄なく使い尽くすことができた（図4-20）。人の思いをつなぎ合わせ

図4-18　山本早織制作「創作小振袖」　後身頃（左）・前身頃（右）

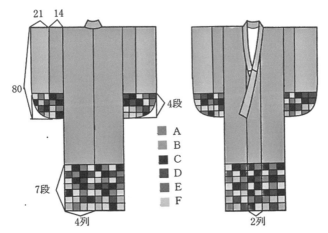

図4-19　作品設計図　Aはおばあ様から頂いた反物　B〜Fはアンティークの子ども物

ることで、それを表現した個性的なおとな物の着物へと発展した例である（図4-21）。

3．仕立て替えの可能性

着物には人から人へと受け継がれる伝統的継承文化が存在すること、親が子

図4-20　くす玉・イヤーカーフ・髪飾り

図4-21　作品着用モデルと制作者

を慈しむ心を着物に表現することなど、これらは日本人の私たちが受け継がなくてはいけない大切な文化である。それを知ることで、着物を好きになり、着物を大切にする気持ちが芽生え、身近なものに感じ、着てみたい、個性を表現する衣服として仕立てたいと思いは膨らむのではないか。文化を知ることは生きる知恵を授かるのと同じことなのである。しかし、現在の家族構成は核家族が多数を占め、着物を知るおとなが減ったことで若者は着物文化を学ぶ場が減ってしまった。

　しかし、その知識を得る機会があれば、若者は自己表現のための衣服として着物を最大限に生かす可能性を秘めていることが、前述の着物の仕立て替えの実例からも証明でき、明るい将来が期待できる。まずは着物がもつ長い歴史や伝統文化を知識として得る機会がなくてはならない。さらには構造上の特徴、すなわちすべてのパーツが長方形で、縫い代はすべて残すため、着物の縫い目を解くと反物を裁断した際の形状が維持されていること、さらに布は貴重であるので最後まで使い尽くすことなど、着物の内側にみる特徴などを若者に継承する役目を私たちおとなが担っている。

4 》》 文化の継承

　多くの人にとって染織品の修復は未知の世界であるかもしれない。このような染織文化財を守る仕事の存在を知ることは、衣服を多面的にみるための一助になるだろう。着古された歴史ある時代衣裳は、消耗品として扱われる道だけでなく、次世代に日本文化を伝える大切な役割を担っているのである。また、修復過程をみることは、先人の知恵が込められた仕立て替えの文化の奥深さを理解してもらう機会となったであろう。この仕立て替えの文化は、現在の着物にも存在し、着物は循環型衣服としての可能性を秘めている。現在の衣生活では、手軽に安価な衣服が手に入り、短い期間で簡単に大量に捨てられる。この現象を当たり前と受け止めていいのであろうか。本来日本の伝統的衣服である着物は経済的であり、エコロジーな特徴を兼ね備えた衣服である。本章を通じて使い捨て文化に飲み込まれてしまった現在の衣生活を立ち止まり考えるきっかけになってほしい。

　今後は、若い世代の人たちが着物の美しさや可能性に気づき、日本の伝統衣服としてその文化を理解し次世代に継承してくれることを願う。

■注

▶ 1　本章で取り上げる修復事例「白地石畳に将棋駒模様小袖」「紅白段雪持芭蕉模様縫箔」は筆者が代表を務めていた（2012年迄）、K染織修復研究所で行ったものである。第2節（修復実例1）「浅葱地五枚笹柳桜模様縫箔」は共立女子大学旧被服研究室（現被服平面造形研究室）河村まち子名誉教授（1940-2019）が依頼を受けた修復に筆者が研究協力者として携わった作品である。

▶ 2　小袖の裁断構成は時代によって異なる。

▶ 3　寛文小袖は江戸時代万治・寛文期を中心に流行し、その模様構図は左後身頃から、右腰を経て左裾へ向かって弧を描くように表現され、左腰には空白が見られる。またはこの逆の構成も存在する。模様は多様で植物・動物・器物や文字などが取り上げられ、自由な表現でのびやかで動きに富んでいる。

▶ 4　練糸は絹糸を覆うセリシンという物質を取り除いた糸のことで、光沢と柔らかさがある。一方生糸はこのセリシンが付着したままである固い状態の絹糸のことである。

■参 考 文 献

河村まち子・吉中（田中）淑江「浅葱地五枚笹柳桜模様縫箔の復元記録」『共立女子大学家政学部紀要』，No.44，1998年，pp.29-44

河村まち子・田中淑江「染織品の修復について」『共立女子大学家政学部紀要』，No.48，2002年，pp.15-23

田中淑江「林原美術館蔵『紅白段雪持芭蕉模様縫箔』の修復に関する報告：得られた新知見とその考
　　察」，No.54，2008年，pp.13-26
田中淑江「白地石畳に将棋駒模様小袖の考察：修復過程で得た知見をもとに」『MUSEUM 東京国立博
　　物館研究誌』，No.630，2011年，pp.19-35
長谷川紗織・田中淑江「着物の仕立替えの可能性：アンティークの子ども物から大人物へ」『服飾文化
　　学会誌〈作品編〉』Vol.6，2013年，pp.15-20

コラム　染織文化財の修復という仕事

　文化財の修復というと、絵画の修復、仏像の修復、表具の修復、建築物の修復など
を思い浮かべるのではないか。これらの分野に比べると、染織品の修復はまだまだ発
展途上の段階にあり、修復を体系的に学ぶ学校や普遍的なシステムはまだ確立されて
いないが、徐々にその必要性が求められているのが現状である。修復家の人数も10
数名と数えられる程度しかいない。その実状は、日本で育った修復家と、外国の大学
院で体系的に染織品の修復について学んだ修復家で構成されている。前者は研究施設
や修復工房に就職し、そこで仕事を通して修復の理念や技術を学び、経験を積んで修
復家となる。

　筆者の場合はこちらに該当し、大学院を修了後、就職先であった共立女子大学家政
学部被服学科旧被服研究室の教授（当時）河村まち子先生により、作品の調査方法、
修復技術について学び、その後ボストン美術館（米国）でインターンとして研修を積
んだ。母校共立女子大学では1960年代より旧被服研究室の歴代の先生方が中尊寺、
厳島神社、鶴岡八幡宮、熱田神宮、正倉院、法隆寺、東京国立博物館に所蔵される染
織品文化財の修復、復元に携わってこられた歴史がある。旧被服研究室に就職して３
年目に、筆者ははじめてこの章で取り上げた「浅葱地五枚笹柳桜模様縫箔」の修復に
携わることになる。大袈裟ではあるが、私の将来を決定づける運命の出会いであった。

　それまで修復の世界を知らず、この時はじめて恩師の手ほどきにより修復を経験し
た。東京国立博物館から運ばれてきた作品は、劣化、損傷が著しく、展示できない状
態であり、魂が抜けたように朽ちた状態であった。しかし、１年をかけて行った修復
により作品は本来の光沢を放ち、張りが出て、まるで魂が入り生き返ったかのようで
あった。学術的表現ではないが、作品に真摯に向き合い、誠実に取り組むことで、作
品が語りかけてくることを１つの作品から学んだ時の感動を今も思い出す。修復とい
う仕事は染織品に限らずすべての分野でこのような感動の場面に出会える仕事なので
ある。

　具体的に修復についてお話しすると、修復には部分解体と全解体の２通りがある。

この作品の場合、損傷が著しかったので、全体を解体する方針をとった。すなわち、すべての縫い目を外し、装束を構成するパーツをばらばらにする。その際、表側からはわからない、内側の情報を修復家はキャッチしなくてはならない。修復が終わり、再び能装束として仕立てると、内側から発信された情報はすべて閉じられる。修復家は大切な瞬間に立ち会わなくてはならないのだ。まず「浅葱地五枚笹柳桜模様縫箔」の縫い目を外すと、印と墨書が現れた。博物館に所蔵される前の所蔵者を示すサインであった。次に用いられた練緯地は現代の反物幅36センチとは異なり、42センチ幅であることがわかった。修復材料調達にとって重要な情報である。また模様表現に用いられた刺繡は、現在の平縫いは布の裏側にも糸を渡すが、この作品の場合は裏側には糸が渡らない、桃山時代の刺繡の特徴を示す技法で行われていた。最後に、本章でも述べたが身頃、袖では仕立て替えが行われていたため、模様のつながりが不自然であったことも修復を通じて明らかとなった。このように修復にはさまざまな知識と技術が必要とされるのである。必要項目を記す。１）材料学　２）服飾史・染織史　３）被服構成学（主に着物に関する構成学）　４）縫製技術　５）保存科学　６）染織品が好きであること。誠実、真面目、忍耐強いことなど。

　日本の染織品の仕事の現場の問題の１つには就職場所が少ないことがあげられる。アメリカやヨーロッパ各地の博物館、美術館には学芸員と修復家が存在する。学芸員は作品の調査、研究、展覧会のマネジメントなどを行い、修復家は作品の保存修復をするために常駐している。また体系的に学ぶことのできる学校も存在している。そのため、日本に比べると、狭き門ではあるが染織品の修復の専門家が育ち、就職する環境が整っている。今後、日本でも染織品保存修復を体系的に学び、それを生かす現場環境を整えていくことを検討していかなくてはならない。

　日本の染織文化財の修復の仕事についての一部をお伝えした。普段、修復の仕事は、表舞台には出ることのない裏方の仕事である。このように語る機会を得たのは嬉しいことである。日本の染織品は世界に類をみないほど多種多様で美しく、その技術も精巧であり、先人が築き上げた伝統的染織技術の技は次世代に継承されなくてはならない日本の守るべき宝である。この日本の世界に誇れる文化財を守るという責任の重さに緊張するが、携わる者に感動、喜び、誇りを与える仕事である。博物館、美術館で展示される日本の染織文化財の作品をこのような側面から観覧すると、さらに興味深い世界が広がるであろう。

（田中　淑江）

コラム　着物の可能性―あらたな装い―

　10年前に本著に携わった際、今後の着物文化の継承を若い世代に託すことで拙稿を締めた。その当時と現在を比べると若い世代を取り巻く着物の環境は変化が生じている。

　着物は冠婚葬祭や夏のイベント着として着用する特別な衣服として定着している。しかし、近年は観光地で着物のレンタルが展開され、伝統的装いだけでなく和洋折衷の洋小物やレースを用いた着物の装いを、若者から外国の観光客までが気軽に楽しむ環境が確立されつつある。またSNSに洋服や洋小物を用いた着物を自由に楽しむコーディネートを投稿する着物好きの方々も増え、その装いに影響を受け共感する人たちも存在する。

　このように従来の伝統的な着物の装い（和小物を使用：草履・足袋・帯揚げ・帯締めなど）とは異なるあらたな装いが普及しつつある。この装いを自由な発想の装い（日常用いる洋服のアイテムを使用：ブラウスなどのインナー類や靴・ベルト・帽子などの小物など）と位置づけ、女子大学生がどのようにとらえているのか調査した[1]。大多数が自由な発想の装いを肯定的に受容する傾向を示した。たとえば「着物が身近に感じられるようになる」「とても個性的でおしゃれの幅が広がる」などである。具体的な装いとして、着物の着こなしは着崩し過ぎず、あくまでも着物本来の美しさ、上品さを生かす範囲でアレンジし、日常に用いる洋小物をアクセントとして装うことを望んでいることが明らかとなった。またこの自由な発想の装いは、着物のマイナス要素である、着付けの難しさや、動きにくさが改善され、さらにかわいく、個性も表現できる優れたコーディネートである。若い世代が着物の自由な発想の装いを知ることで、着物と向き合うきっかけの1つとなっているようである。

　以上のように着物の装いに関する概念は変化し、従来の細やかなルールを守る格式高い着物のイメージだけでなくなりつつある。若い世代が普段着の着物は自由に楽しむ衣服として自由な発想で装うことは、着物の継承の可能性を広げるあらたな側面として期待できると考える。

（田中　淑江）

■注

▶1　田中淑江・髙橋由子「着物の着装に関する新たな概念について：女子大学生を対象とした調査より」共立女子大学家政学部紀要，No.68，2022年，pp.31-44

本研究はJSPS科研費JP19K02338の助成を受けたものです（2019〜2021年）。

Part 02

ともに生きていくファッション

たしかに、服飾は「モノ」であるかもしれない。しかし、そのモノである服飾を人が身にまとう時、ファッションには命が宿り、一人ひとりの人生を演出し始める。ファッションは、人の感情を揺さぶり、高揚させ、生き方をも変え、そして、時代を突き動かす力にもなる。私たちは、服飾とともに、歴史のなかを生き、未来へと歩いているのである。ただモノとしてあるのではなく、ファッションは私たちとともに生きている。そのことを、忘れずにいたいと思う。

Chapter 05

時代をひらくデザイナー

朝倉三枝

　西欧のファッションの歴史は、何世紀もの間、王侯貴族がまとった衣装とともに語られてきた。なぜなら、美しく装うという行為が、着用者の富や権力を示すことと密接に結びついていたからである。したがって、だれがその服を作ったかということより、だれが何を着たのか、ということの方がずっと重要な意味をもち、長い間、衣服の制作者は問われぬまま、王や妃を頂点に据えた一握りの特権階級が流行の担い手として君臨し続けた。しかし、19世紀半ばのパリに、ファッションデザイナーが現れて以降、状況は一変する。新しい流行は彼らの名とともに語られるようになるのである。卓越したアイデアと表現力で、新しい時代をひらくデザイナーは、その登場以来、どのような歩みを重ね、今日に至るのであろうか。ここでは、デザイナーが誕生して以降の大筋をたどりながら、これからのデザイナーの可能性について考えてみたい。

1 ≫ ブランド・ビジネスの開拓者（パイオニア）

　デザイナーの先駆的存在として知られるのが、今日のファッション・システムの礎を築いたイギリス人のシャルル＝フレデリック・ヴォルト（Charles-Frederick Worth, 1825-1895）である[1]。もちろん、彼以前に衣装作りの分野で名を成した者がまったくいなかったわけではなく、マリー・アントワネットが絶大な信頼を寄せていたローズ・ベルタンや、ナポレオン皇妃ジョゼフィーヌに仕えたイポリット・ルロワなど、それまでの商人や職人の枠を超え活躍した者たちもすでに現れていた。ただし、彼らは流行の主導者には決してなりえなかった。なぜなら、彼らがどんなに素晴らしいコーディネートやデザインを生み出したとしても、それを採用するか否かの最終的な判断は、顧客である特権階級の手に委ねられていたからである。しかし、19世紀半ばに登場したヴォルトが、

このような主従関係を根本から覆してしまう。

　1825年にイギリスのリンカーシャーで生まれたヴォルトは、ロンドンの生地屋で修業を積んだ後、20歳で単身パリへ渡った。高級生地店「ガジュラン」で働き始めると、頭角を現し、一介の販売員にすぎなかったのが、店専属のクチュリエ（男性仕立て師）として婦人服のデザインを手がけるまでになる。そして1858年、ヴォルトはパリに自分のメゾンを開く。ここに、今日に続くパリ・オートクチュール（高級婦人仕立て服）の歴史が幕を開けた。

　おりしもヴォルトが登場した19世紀中頃は、ナポレオン３世が治める第二帝政（1852-1870）に重なった。この時代、フランスでは産業化が進み、パリと地方都市を結ぶ鉄道網が次々に整備された。また、セーヌ県知事ジョルジュ・オスマンによる都市改造が進められ、パリはヨーロッパ随一の近代都市へと姿を変えていく。フランス経済の著しい発展を背景に、宮廷では頻繁に舞踏会や宴会が開催されたが、ナポレオン３世妃ウジェニーに気に入られたヴォルトは、皇后の夜会服を手がける専属のデザイナーとなり、一躍、脚光を浴びる。そして、スカートを巨大に膨らませたクリノリン・ドレスや、スカートの前が平らで、後ろ腰が膨らんだシルエットに特徴があるバッスル・ドレスなどの流行を生み出し、一時代を築いた。

　なお、ヴォルトは布地に関する豊かな知識とイギリス人らしいすぐれた裁断技術に加え、鋭いビジネスセンスももち併せていた。そして、シーズンごとに、生きたモデルに新作を着せ、顧客の前で披露する展示会を開催することを思いつく。これが、現在のコレクションの始まりである。ヴォルトが考案したこの方法は、従来の客と仕立屋の関係を逆転させるほど画期的なものであった。なぜなら、それまでは一定の流行に従いながらも、最終的には顧客の要望に添う形で服が仕立てられていたのに対し、ヴォルトの方式では、生地を選ぶのもデザインをするのもクチュリエ（オートクチュールのデザイナー）であり、顧客は示されたモデルのなかから欲しい服を選ぶようになったからである。

　もちろん、オーダー服であるため、顧客がモデルを選んだ後は、各自の寸法に合わせて服が仕立てられたほか、デザインがほかの客とかぶらないよう、細かなディテールを調整するカスタマイズも必ず行われた。しかし、基本となる

モデルを複数の顧客が購入することで、そのシーズンの流行にクチュリエが決定的な影響力をもつこととなった。また、ヴォルトは自分の署名入りのラベルを衣服に取り付けた最初のクチュリエともいわれるが、この時から客は、まさにその１枚の小さなラベルに示されたクチュリエの独創性を求め、衣服を購入するようになる。したがって、デザイナーの誕生は、同時に、人びとを魅了してやまないファッションブランドの始まりをも意味した。

　19世紀末には、こうしたヴォルトの方式を受け継ぎ、ジャック・ドゥーセやジャンヌ・ランバン、レッドファンなど、数々のクチュリエ（女性の場合はクチュリエール）が後に続くが、20世紀に入ると、衣服にとどまらず、さまざまな領域と関わりながら活動を展開するクチュリエも登場する。その１人に、ポール・ポワレ（Paul Poiret, 1879-1944）がいた。

　ジャック・ドゥーセ、次いでヴォルトのメゾンで修業を積んだポワレは、1904年にパリに自分のメゾンを立ち上げた。当時はコルセットで過剰なまでにウエストを締め上げるＳ字型シルエットのドレスが全盛であったが、ポワレは1906年に、古代ギリシャのチュニックや日本の着物にヒントを得た、コルセットを使わない直線的シルエットのドレスを発表し、センセーションを巻き起こした。すでに19世紀半ば頃から、一部の医者や女性解放運動家、芸術家たちが、脱コルセットを訴え、体を締めつけない改良服を提案していたが、広く一般に浸透することはなかった。しかし、ポワレがコルセット不要のドレスを、洗練されたパリのモードとして打ち出したことで、女性身体を解放する動きは決定的となった。なお、1904年にフランス語で『千一夜物語』の新訳が出版され、1909年にパリでロシア・バレエ団の初演が行われたことを受け、第一次世界大戦前のパリでは熱狂的な異国趣味ブームが起こる。そうした時代の空気を敏感に察知したポワレは、ハーレム・パンツやターバン、ランプシェード型のチュニックなど、エキゾチックなスタイルを次々に発表し、戦前のパリ・モードを東洋一色に彩った（図5-1）。

　以上のように、革新的なデザインで20世紀ファッションの扉を開いたポワレであるが、アイデアに溢れ、美術に造詣の深かった彼は、デザイナーという肩書には収まらない幅広い活動を展開した。たとえば、ポール・イリーブやジョ

ルジュ・ルパープなど、駆け
出しのイラストレーターを起
用し、ポショワール（ステン
シル型染め）の技法を用いた
芸術性の高いカタログを制作
したり、画家のラウル・デュ
フィに木版画の技法を布地に
応用することを提案し、テキ
スタイル工房を設立するな
ど、若い芸術家を支援し、そ
の才能を開花させながら、自
分の創作やメゾンの宣伝に最
新アートを取り入れることを
積極的に行った。また、ポワ

図5-1　ポワレのハーレム・パンツ、イラスト：ジョル
ジュ・ルパープ（『装飾と芸術』誌1911年4月号）

レは1911年に香水ブランド「ロジーヌ」を立ち上げたが、これは、ファッショ
ンデザイナーが手がけたはじめての香水となった。さらにポワレは同じ年、学
校教育にも乗り出し、少女のためのデザイン学校「マルティーヌ」を設立する。
そこで生徒たちが描いた素朴で味わいのある作品を目にしたポワレは、それら
を自分の衣服やインテリアに使うことを思いつき、テキスタイルや家具・調度
品、壁紙、食器類、照明器具などを制作する工房を開設した。

　現代では、衣服にとどまらず、装飾品や香水、さらにはインテリアまでトー
タル・プロデュースするデザイナーも珍しくないが、ポワレはブランドの世界
観を衣服から生活全般に広げ、ビジネスとして展開した最初のデザイナーであっ
た。

2 ≫≫ 女性デザイナーの躍進

　第一次世界大戦をきっかけに、女性たちの意識とライフスタイルは大きく変
わる。家庭にとどまっていた女性たちは、コルセットを脱ぎ捨て、外へ出て、

自分で車を運転し、男性に劣らずスポーツやダンスを楽しみ、かつてない自由を享受するようになる。こうした戦後の新しい女性を象徴したのが、ヴィクトール・マルグリットの小説（1922年）のタイトルにもなった「ギャルソンヌ（少年のような娘)」である。男性に頼らず自分の手で人生をひらいていくヒロインの生きざまを描いたこの小説は、若い女性たちの圧倒的な支持を受け、ベストセラーとなるが、同時にパリには、短い髪にぴったりとした帽子をかぶり、膝丈のシンプルなドレスを合わせる、文字通りボーイッシュなスタイルがモードに現れた。そして、ギャルソンヌが登場した時代にふさわしく、戦後の1920年代から30年代に大きな影響力をもったのが女性デザイナーであった。

　みずから理想のギャルソンヌとしてパリのモードを牽引したのが、1909年にパリで帽子店を開き、そのキャリアをスタートさせたガブリエル・シャネル（Gabrielle Chanel, 1883-1971）である。彼女の功績としてまずあげられるのが、紳士服の要素を積極的に取り込み、現代的な女性ファッションを生み出したことである。たとえば、第一次大戦中の1916年にシャネルが発表したスーツは、それまで男性用下着の素材として使われていたジャージーで仕立てられていたが、伸縮性に富み、しわになりにくいこの素材は、当時、男性に代わり、外で働くようになっていた女性たちの日常着にふさわしい素材ともいえ、瞬く間に広まった。同じようにシャネルが好んで使用したツイードやニットなどといった素材も、紳士服に由来するものであった（図5-2）。また、シャネルは男性の基本アイテムであるズボンを颯爽と着こなし、女性のパンツスタイルがまだ一般的でなかった時代に、おしゃれなリゾート・スタイルとしてそれを広めることにも大きく貢献した。

　さらにシャネルは、1926年に紳士服の定番色であった黒を取り込み、シンプルな膝丈の黒いドレス、いわゆる「リトル・ブラック・ドレス」を発表する。当時、女性服で黒といえば喪服を意味したが、シャネルはそれを洗練されたシックな色に変えた。余分な装飾のつかない黒いドレスは、その簡素さゆえに、大量にコピーされたが、あらゆる階級の女性が着用したという意味では、ファッションの大衆化の扉を開くものでもあった。

　このほか、富の象徴であった宝石を、だれもが楽しめるファッション・アイ

テムに変えたコスチュームジュエ
リーや、即物的なネーミングとボト
ルデザインが時代に先駆けていた香
水「シャネル No.5」など、それま
での常識を打ち破る新しい試みを
次々に提案しながら、シャネルは現
代女性にふさわしい新しいスタイル
を確立した。

　一方、卓越した裁断技術ととも
に、女性の身体と衣服の関係性を問
い直したのが、マドレーヌ・ヴィオ
ネ（Madeleine Vionnet, 1876-1975）で
あった。11歳でお針子を始め、ロン
ドンの紳士服店、次いでパリのキャ
ロ姉妹とドゥーセ、ふたつのメゾン
で経験を積んだ後、ヴィオネは1912
年に自分のメゾンをパリに開いた。

図5-2　シャネルのニット・アンサンブル（『フェ
ミナ』誌，1925年7月号）

古代ギリシャの衣装や日本の着物に学んだ彼女は、流れるようなドレープや直
線的な裁断方法を取り入れ、ポワレとほぼ同時期に、コルセットを必要としな
い、シンプルで動きやすい服作りを目指した。

　また、ヴィオネはデザイン画を描かない代わりに、小さな木製のマネキンに
直接、布地をあてがい、ミニチュアのドレスを作り、それを元に原寸大の型を
おこす立体裁断（ドレーピング）と呼ばれる手法を考案した。そして、この方法
をもとに、布地を斜めに裁つバイアス・カットの技法を編み出す。バイアス裁
ちの布地を部分的に用いることはすでに行われていたが、ヴィオネはそれをは
じめて衣服全体に用いた。斜めに取られた布地は、身体にしなやかにフィット
し、動きに応じて生じるドレープが、ボディラインをうっすらと浮かびあがら
せた。衣服をまとう女性の身体性を際立たせたヴィオネのバイアス・カットの
技術は、細身のロングドレスが流行した1930年代に頂点に達した。

ところで、ヴィオネは第一次大戦中、戦禍を逃れ滞在したローマで、未来派の画家エルネスト・タヤートと知り合い、その縁がもとで、メゾンのロゴや、衣装のデザイン画を彼に依頼した。先にもポワレとデュフィの協働にふれたが、ヨーロッパで前衛的な芸術運動が次々に台頭した20世紀初頭には、ファッションと芸術との関係がそれまで以上に深まり、デザイナーと芸術家のコラボレーションや、芸術家による衣服制作などがさかんに行われた。

　そうしたなか、ほかのだれよりもアートに接近し、1930年代のパリ・モードに大きなインパクトを与えたのが、イタリア出身のエルザ・スキャパレリ（Elsa Schiaparelli, 1890-1973）であった。彼女がパリでメゾンを開き、デザイナーとして歩み始めたのは1927年のことであったが、それから2年後に世界大恐慌が始まる。その影響は当然、パリのオートクチュール業界にも及び、閉店に追い込まれるメゾンも相次いだ。しかし、苦境の時代にあってもなお、パリはモードの都であり続け、1920年代から活躍していたシャネルとヴィオネにスキャパレリが加わり、30年代も女性デザイナーの主導が続いた。

　スキャパレリがはじめて注目を集めたのが、蝶結びやネクタイの模様を編み込んだトロンプ・ルイユ（だまし絵）のニットであった。すでにこの最初の作品にも示されているように、彼女の創作は、大胆でありながら、どこかユーモラスな点に特徴があった。もともと芸術に強い関心を抱いていたスキャパレリは、やがて友人の芸術家たちに服作りのヒントを求めるようになる。そのなかには、当時、パリで隆盛を極めていたシュルレアリスムの中心で活躍していた画家のサルバドール・ダリや詩人のジャン・コクトー、写真家のマン・レイなどもいた。

　とりわけダリとスキャパレリは深い親交を結び、ダリの妻ガラに無償でメゾンの服を提供する代わりに、ダリからアイデアを提供してもらうという相互的な関係を築き、布の破れ目模様をプリントした夜会服や、ダリの作品に使われた真っ赤なロブスターを大きく描いた白いドレス、あるいはハイヒール型の帽子など、ウィットに富んだ服やアクセサリーを次々に生み出し、注目を集めた。

　また、大胆奇抜を好んだスキャパレリは、1937年に新作の香水「ショッキング」を発売するに際し、目の醒めるようなピンクを独自に開発する。これが今

日、「ショッキング・ピンク」と呼ばれている色の誕生の由来である。このように、楽しさや驚きに価値を置いた服作りを展開したスキャパレリは、従来のオートクチュールが好んだ上品さや趣味の良さとは異なる、遊び心に溢れる新しいエレガンスをこの時代に作り上げた。

3 》》 オートクチュールからプレタポルテへ

　第二次大戦勃発後の1940年から、パリはドイツ軍の占領下に置かれた。多くのメゾンが休業や海外移転に追いやられ、パリにとどまったメゾンも細々とコレクションを続けるものの、深刻な材料不足に悩まされた。こうした状況のもと、新しい流行は生まれようもなく、パットで張らせた肩と、細身のラインに特徴が見られた1930年代のシルエットが、そのまま引き継がれた。1944年にドイツ軍が撤退し、パリは解放されるも、物資、食糧不足は変わらず続き、人びとは辛い生活を強いられる。そうした戦後の傷跡もまだ癒えぬ復興期に、ひとりのデザイナーがパリで鮮烈なデビューを果たす。それが、クリスチャン・ディオール（Christian Dior, 1905-1957）であった。

　フランスのノルマンディー地方グランヴィルで裕福な実業家の家庭に生まれたディオールは、パリ政治学院に学んだ後、画廊経営を経て、モードの世界に進んだ。ロベール・ピゲ、次いでリュシアン・ルロンのメゾンでデザイナーとして経験を積むが、繊維業で財を成した実業家、マルセル・ブサックの後ろ盾を得て、1946年にディオールはパリにメゾンを開設した。

　翌年2月に初のコレクションが披露されると、人びとはそのデビュー作を衝撃とともに受け止めることとなった。なぜなら、この時、ディオールが発表したのは、細く絞ったウエストの下に、惜しげもなく生地を使ったスカートがふわりと広がり、パットを取り払ったなだらかな肩と繊細なハイヒールが女性らしさを強調した、なんとも優美で贅沢なスタイルだったからである（図5-3）。戦時中は、1着に使える生地の量やデザインについて細かな規制が設けられ、服に求められたのは活動性や実用性であった。そうした現実的な衣生活のなかで耐えてきた人びとの目に、ディオールの服はヴォルトの時代のクリノリン・

ドレスにも匹敵する華やかなものに映った。『ハーパース・バザー』誌の編集長カメール・スノーに「ニュールック」と命名されたその服のニュースは、世界中を駆けめぐり、ディオールは一夜にして時代の寵児となった。

その後、ディオールは「チューリップライン」「Aライン」「Yライン」など、わかりやすいネーミングのシルエットをシーズンごとに発表し、1950年代のファッションをリードした。こうしたディオールの活躍に刺激を受け、この時代、クリストバル・バレンシアガやユベール・ド・ジバンシー、ピエール・バルマン、ジャック・ファト、ピエール・カルダン等々、才能豊かな新人デザイナーが次々に登場し、パリ・オートクチュールの黄金期が再び築かれた。また、第二次世界大戦中に活動を休止していたシャネルも1954年、71歳の時に見事、カムバックを果たす。この時、彼女が発表した1920年代と同じコンセプトの服、すなわち「シャネル・スーツ」は世界的な流行となり、いつでも新しく着られる女性の定番服として今日に至る。

なお、すぐれた実業家でもあったディオールは、その世界的知名度を利用して、デザイナーとしてはじめてライセンス事業に参入する。そして1948年、ニューヨークに現地法人を設立し、地元のストッキングメーカーとライセンス契約を交わしたことを皮切りに、ネクタイ、下着、アクセサリー、バッグ、手袋など、徐々にライセンスカテゴリーを拡大し、商品を充実させていった。さらにディオールは、この方式を婦人服にも応用し、アメリカで高級既製服の生産・販売も始めた。これらライセンス商品から上がるロイヤリティーは莫大な利益を生み、ディオールは短期間のうちに一大ブランド帝国を築き上げた。

しかし、デビューからわずか10年後の1957年、ディオールはイタリアで急逝する。そし

図5-3　ディオールの「ニュールック」

て、その後継者としてディオールのメゾンの主任デザイナーに抜擢されたのが、若干21歳のイブ・サンローラン（Yves Saint-Laurent, 1936-2008）であった。彼は1958年、ディオールの亡き後、はじめて行ったコレクションで、スカートが裾に向かうにつれて広がる「トラペーズライン」を発表すると大絶賛され、デザイナーとして華々しいスタートを切った。

　サンローランが登場し、そして迎えた1960年代、ヴェトナム戦争、ケネディ大統領暗殺、パリ五月革命、人類初の月面着陸など、世界を揺るがす出来事が立て続けに起こった。不安定な社会にいら立ちを覚えた若者たちは、おとなとは異なる自分たち独自の表現を、音楽やファッションに求めるようになる。60年代に、その中心地となったロンドンでは、ビートニク、モッズ、ロッカー、ミニなど、若者たちの等身大のファッションが次々に生み出された。そうしたロンドンの街角のスタイルにヒントを得て、ミニスカートを発表し、若者たちの間に爆発的な流行をもたらしたのが、イギリスのマリー・クワントであった。そのミニスタイルをアンドレ・クレージュがオートクチュールのコレクションでパリのモードとして打ち出すことで、ミニは世界的な流行となった。

　このように1960年代に入ると、若者発のストリート・スタイルが、ハイファッションにも少なからぬ影響をもたらすようになる。サンローランはこうした時代の流れを敏感に汲み取り、1960年秋冬コレクションで「ブルゾン・ノワール」と名づけた黒いワニ革のブルゾンを発表した。しかし、そのスタイルは、当時、バイクを乗り回していたビート族を連想させるとして顧客たちの不評を買い、同年、サンローランは突如、ディオールのメゾンから解雇を言い渡されてしまった。

　不当な解雇に心を痛めながらも、自由な創作を求め、サンローランは1962年に自分のメゾンをパリに開く。そして、1965年秋冬コレクションで、オランダの抽象画家ピエト・モンドリアンの作品を取り込んだミニドレス「モンドリアン・ルック」を発表すると、モダン・アートからインスピレーションを得た最初の服として、ジャーナリストやバイヤーたちから大絶賛された。以後、1960年代の最新アートを取り込んだ「ポップ・アート・ドレス」（1966年）や、当時、まだタブーであった女性のパンツスタイルを洗練された日常着に変えた「スモー

キング」（1966年）、肌が透けて見えるオーガンジー素材の「シースルー・ルック」、紳士物の狩猟服を女性版にアレンジした「サファリ・ルック」（ともに1968年）など、サンローランは、それまでの常識を覆す、大胆でユニセックスな服を次々に発表し、パリのモードを牽引した。

　また、同じ時期、パリで活躍をしたデザイナーの一人に、イタリア出身のピエール・カルダン（Pierre Cardin, 1922-2020）がいた。彼はすでに1953年からオートクチュールのコレクションを発表し、その活動を開始していたが、60年代に入ると、パリの若手の中心として活躍するようになる。1964年に近未来的なコレクション「スペース・エイジ」を発表し、好評を博すと、以後、1960年代を通して、幾何学的、直線的なカッティングに特徴が見られるミニマムでユニセックスな服を作り、一世を風靡した。

　なお、この時代のカルダンの功績として、オートクチュールのデザイナーとしてはじめて本格的に「プレタポルテ（高級既製服）」のラインを手がけたことがあげられる。ここでプレタポルテ登場の経緯を簡単に確認すると、19世紀半ばにヴォルトがメゾンを開いて以降、最新の流行は常にオートクチュールから生まれていた。しかし、完全オーダーのその服は、手間暇のかかる高級品ともいえ、一部の上流階級の女性しか着ることができなかった。したがって、それができない一般の女性たちは「コンフェクション（confection）」と呼ばれる既製服を買い求めたが、その言葉には常に「品質の劣った安価な量産服」というニュアンスが付きまとった。しかし、1950年に入る頃から、技術革新により、高品質な既製服を作ることが可能となる。さらに、1949年にフランスの既製服メーカー、ヴェイユ社が英語で「すぐ着られる服」を意味する「レディ・トゥ・ウェア（ready to wear）」をフランス語に置き換えた "prêt-à-porter" という造語を広告に用いたことがきっかけで、「プレタポルテ」は、「高品質の既製服」を意味するようになる。そして、既製服産業が成熟し、モードの担い手が成人女性から若者へと移る1960年代、真の意味でプレタポルテの時代が幕を開けることとなった。

　カルダンは、こうした時代の移り変わりをいち早く察知し、1962年にプランタン百貨店に「カルダン・コーナー」を設け、一般の消費者向けに価格を抑え

た服の販売を開始した。カルダンのこの試みは、当時としてあまりに斬新であったため、オートクチュールの品位を傷つけるものとして激しく非難される。しかし、それから4年後の1966年に、今度はサンローランが、プレタポルテの店「リヴ・ゴーシュ」をパリ6区に開店すると、以後、オートクチュールのセカンドラインとしてプレタポルテを手がけるオートクチュールのデザイナーが相次いだ。なお、この時代はプレタポルテのみを専門に手がけるデザイナーも数多く登場し、そのなかには、アニエス・ベーやカール・ラガーフェルド、ジャンニ・ヴェルサーチ、ジョルジオ・アルマーニなどがいた。

4 ≫ 価値の多様化：変わりゆくデザイナー像

　未来志向のみられた60年代の反動で、1970年代には自然回帰、カジュアル化への動きが見られた。そうしたなか、日本人デザイナーの高田賢三が、1970年にパリ・デビューを果たした。高田はこの時、日本の蚤の市で見つけた着物や浴衣地を用いたコレクションを発表するが、日本的な色と柄を重ねたそのスタイルは、当時流行のフォークロア調の好みに合致し、60年代にエスニック・ファッションの流行を引き起こすきっかけとなった。

　また1973年には、三宅一生もパリに進出し、「一枚の布」という日本の伝統文化に根差した美学に基づき、洋服や和服というジャンルを越えた新しい服作りを展開するようになる。さらに1975年には森英恵が東洋人ではじめてオートクチュールのコレクションを発表し、注目を集めた。そのほか、この時代には、昼の日常着だったニットをファッショナブルなおしゃれ着に変えたソニア・リキエルや、パンクファッションを打ち出したイギリスのヴィヴィアン・ウェストウッド、コレクションにデニムを取り入れたアメリカのカルバン・クラインなど、プレタポルテのデザイナーが大きく活躍し、オートクチュールを頂点とするファッション・システムの崩壊は、この時代に決定的となった。

　日本が好景気に沸いた1980年代、世界的にも政治経済が安定していたため、世のなかは保守的な方向に向かった。また、1979年にイギリスで保守派の女性首相マーガレット・サッチャーが誕生したことで、女性の社会進出も一気に進

む。ファッションにもこうした時代性が反映され、女らしさを強調する保守的なスタイルが現れ、アルマーニやダナ・キャラン、カルバン・クラインらが手がけたテーラード・スーツが、働く女性の定番の仕事服となった。また、この時代、フィットネスで鍛え上げた体を強調するボディ・コンシャスなスタイルも好まれ、伸縮性のあるストレッチ素材でボディラインをくっきりと浮かび上がらせたアズディン・アライアの服が、この流行を牽引した。さらに、身体性をいやがおうにも意識させる服作りをこの時代に始めたのが、ジャンポール・ゴルチエである。彼は、だれもが女性のアイテムと思っているスカートを男性に着せたり、本来は表に出ることのない女性下着をアウターウエアにするなど、男女のセクシュアリティーに対する問題提起を積極的に行った。

　80年代はこのように、社会に進出した女性がそのキャリアや身体性を誇示するファッションが現れたが、そうした方向性とはまったく相容れない新しいファッションも登場する。それが、ともに1981年にパリ・デビューを果たした川久保玲と山本耀司の衣服であった。無彩色で無装飾、だぼだぼのオーバーサイズで、穴があき、ほつれのある彼らの衣服は、欧米のファッション界にかつてない衝撃を与えた。なぜなら、そこに見出された表現は、西欧が長い伝統のなかで培ってきた美しさや豪華さ、あるいは女らしさに対する考え方を真っ向から否定するものであったからである。彼らのデビュー・コレクションは、「黒の衝撃」「プアルック」などとメディアに形容され、賛否両論のセンセーションを巻き起こした。以後、2人は無視できない前衛に位置づけられ、続く世代のデザイナーたちに大きな影響を及ぼした。

　1990年代に入ると、よりリアルで日常的なものへ人びとの関心は移り、ジル・サンダーやヘルムート・ラングは、極限まで無駄をそぎ落としたミニマリズムの代表として活躍した。またこの時代は、ベルギー出身のデザイナーが相次いで登場したが、その中心的存在のマルタン・マルジェラは、古着を素材に衣服を再構築する「シャビールック」を発表し、ファッション界に大きな衝撃を与えた。

　1989年のベルリンの壁の崩壊に続き、湾岸戦争、ソビエト連邦の崩壊、EUの誕生など、20世紀後半に世界情勢が刻々と変化するなか、ファッションの世

界ではグローバル化の動きが加速する。ルイ・ヴィトンやセリーヌを傘下にお
さめる LVMH グループや、グッチやサンローランを有する PPR グループなど、
ヨーロッパのコングロマリット（複合企業）が、有力ブランドを次々に買収し、
その規模をさらに拡大させた。また、90年代は、老舗メゾンのデザイナー交代
劇も注目を集め、「ジバンシィ」はアレクサンダー・マックイーン、「クリスチャ
ン・ディオール」はジョン・ガリアーノ、「ルイ・ヴィトン」はマーク・ジェ
イコブスをそれぞれクリエイティブ・ディレクターに迎えることで、メゾンの
活性化に成功した。

　そして迎えた21世紀、情報化はますます進み、ファッションショーの最新映
像は、ウェブ経由でだれでもどこでも見られるようになった。ZARA や H&M
など、低価格でトレンド感を前面に打ち出したファストファッションが台頭し、
デザインの均質化が進んだ。また近年では、だれもがファッションデザイナー
になりえる未知数の可能性を秘めた技術として、3D プリンターへの関心が高まっ
ている。私たちはデザイナー不要の時代へと向かっているのだろうか。

　しかし、継続の危機がささやかれながらも、オートクチュールのコレクショ
ンはこれまで続けられてきたし、ファストファッションが浸透し、服が使い捨
てになった今日、最高の技術と素材で生み出されるオートクチュールの可能性
があらためて見直されてきている。また、H&M は2004年以降、カール・ラガー
フェルドやステラ・マッカートニー、マルタン・マルジェラなど、毎年、著名
デザイナーとコラボレーションを行っている。そのことが意味するのは、ファ
ストファッションが全盛の今なお、デザイナーの創造性がファッションに求め
られているということにほかならない。めまぐるしく変わる時代のなかで、常
に一歩先を見据え、時代をひらいてきたデザイナーは、これからもきっと私た
ちの思いもよらない新しい世界を見せ続けてくれるのだろう。

■注
▶1　ヴォルトの名前は英語読みで、「チャールズ＝フレデリック・ワース」となるが、彼の活動がパ
　　リを拠点としていたため、ここではフランス語読みの「シャルル＝フレデリック・ヴォルト」
　　を採用することとする。なお、『小学館ロベール仏和大辞典』に示されているように、「ウォルト」
　　の表記も多くの本で採用されているが、本書は原語の発音に従い「ヴォルト」と記すこととした。

■**参 考 文 献**

深井晃子監修『世界服飾史　カラー版』美術出版社，1998年
岩瀬慧編『PARIS　オートクチュール：世界に一つだけの服』展図録，三菱一号館美術館，2016年
成実弘至『20世紀ファッション：時代をつくった10人』河出書房新社，2021年
Valerie Steele, Suzy Menkes, *Fashion Designers A-Z 40th Ed.*, Taschen, 2023年

コラム　ランバンと子ども服

　現存するパリのクチュールメゾンでもっとも古い歴史を誇るのが「ランバン」である。その創業者であるジャンヌ・ランバン（Jeanne Lanvin, 1867-1946）が、パリに小さな帽子店を開き、モードの世界で最初の一歩をふみ出したのは1889年のことであった。店が軌道に乗り始めた頃、彼女は結婚し、やがて一人娘のマルグリット・マリー＝ブランシュが誕生する。この愛娘の存在が、ランバンをほかのデザイナーもまだ目を向けていないあらたな領域へ駆り立てることとなる。それが「子ども服」というジャンルであった。

　ランバンは、洗礼式用のドレスを作ったことをきっかけに、愛娘の服をすべて自分で作るようになる。それまでのどんな子どもよりもかわいらしく装ったマルグリットは、ランバンの店の顧客たちの間で評判となり、ぜひ、自分の娘にも服を作ってほしいという声が多数、寄せられるようになる。それを受け、1908年にランバンはメゾンに子ども服部門を設立するが、その試みは計らずも、ファッションの歴史にあらたな１ページを加えることとなった。

　ヨーロッパでは伝統的に子どもを「小さなおとな」と見なす考え方が広く浸透していたため、いわゆる子ども服は存在せず、長い間、子どもはおとな服の縮小版ともいうべき服を着ていた。18世紀に思想家のジャン＝ジャック・ルソーが、子どもの内なる自然を尊重する教育法を説いて以降、ようやくおとなとは区別される「子ども」という存在に目が向けられるようになり、子どもらしい服も登場する。しかし、それはどちらかというと男児服に該当し、少女たちは19世紀に入っても、成人女性と同じようにコルセットやクリノリン、バッスル等の整形下着を駆使したドレスに身を縮めていた。

　一方、ランバンの子ども服は、最初からおとな服の模倣を放棄している点が画期的であった。シンプルでゆとりのあるデザインは、体を締め付けることもなく、それまでにない楽な着心地を実現した。また、明るい色使いや、ドレスの随所にさりげなくほどこされたコサージュやリボン等の飾りが、少女特有のかわいらしさを引き立てた。20世紀初頭のパリ・モードが、コルセットで身体をＳ字に変形し、おびただしい量

の表面装飾で飾り立てていたのに対し、自由でのびやかな印象のランバンの子ども服は、おとな服とは無縁の、まさに成長期の少女のための服といえた。

　子ども服部門を設立した翌1909年、ランバンはあらたに少女服部門と婦人服部門を開設した。なぜなら、ランバンの店で娘の服を注文していた母親たちから、娘と同じテイストの服を着たいという声が次々に寄せられたからである。その結果、ランバンは母と娘がお揃いで着られる「母娘服」ともいうべきジャンルも開拓することとなった。その後、モード雑誌にはランバンの母娘服を伝える写真やイラストが頻繁に掲載されるようになる。そこではいつも、さりげなく統一感のあるお揃いの服を着て、仲睦まじく寄り添う母娘の姿がとらえられていた。

　このように、ランバンというブランドの原点には、娘を慈しむ母親の愛情があったが、その精神は、現在も母と娘が手を取り合い向かい合っているブランドのロゴマークに象徴的に示されている。

（朝倉　三枝）

図　ランバンの子ども服（『レ・モード』誌，1909年7月号，文化学園大学図書館所蔵）

Chapter 06

ジェンダーのゆくえ

新實五穂

　だれもが同じ服装をすることは、はたして可能なのだろうかと、最近つとに考える。若い世代のファッションを形容する言葉として、「ジェンダーレス」・「ジェンダーミックス」・「ジェンダーニュートラル」・「ユニセックス」などの表現を新聞や雑誌でたびたびみかける影響かもしれない。今や服装における男女の差は実に小さなものとなり、性のクロスオーバー化はひとつのスタイルとして、当たり前の価値観として存在しつつある。長らく人間が服を身につける理由としてあげられてきた、性の標識としての機能を服装が失い始めているともいえよう。

　その一方で、服装の性差が小さくなったとはいえ、私たちは頭から爪先まで異性とまったく同じ装いをしているかというと、そうではない現状がある。下着をはじめ、男らしさや女らしさを象徴するその性の者だけしか身につけない服飾を少なからず例示できる。また、服装が性の「らしさ」、つまり社会的・文化的な性別や性のありよう（ジェンダー）を指し示している事実を日常生活のなかで経験することもたしかにある。たとえば、「スカート男子」や「レギンス男子」などがマスメディアにおいておもしろおかしく取り上げられる背景には、男性はこれらの衣類を本来身につけるべき性ではないという意識が働いていることの表れとも受け取れる。

　本章では、服装における性差についてみつめ直すとともに、服装を介しての性の侵犯・同化・超越という行為について考えてみたい。本章が、ファッションにジェンダーは必要かという問を考察する場になればと思う。さらに、これからのファッションやファッション・デザインのゆくえを見据える上でも、本章の主題が重要であることは間違いないであろう。

1 ≫ 服装における性差

　服飾文化の歴史をふり返ってみると、男女の服装の差が大きくなった時代として、中世末と近代はじめの２つの時代があげられる。前者は14世紀半ば頃に、男性服が上衣と脚衣の上下二部形式の衣服に変化したことにより、ワンピース形式の長い裾丈の女性服との間に形状の違いが生じたことをさしている。後者は19世紀に、衣服の形状はもちろん、素材・色彩・柄などに至るまで性差が生じ、女性は「男の看板」や「装飾品」などと称された状況をさしている。というのも、モノトーンで画一的な上着、チョッキ、シャツ、長ズボンからなる男性の装いに代わって、豪華で装飾過多な女性のドレスが、男性の社会的地位や身分、経済力を象徴する役割を負わされたからである。このような女性の非機能的な装いは、非生産性や非社会性と結びつき、産業活動を支える労働力としてではなく、家庭婦人としての姿を女性に期待する当時のジェンダー規範の表徴であったことはいうまでもない。

　また、同時代のフランスでは、1800年11月７日の「異性装に関する警察条令」によって、健康上の理由から医者に特別な許可を得た場合を除き、女性が男性服を着用する行為は禁じられていた。パリの警視総監デュボワによって発令された警察条令は、下記のような５つの条文からなる。

　　第１条　セーヌ県の副知事や区長ならびにサン＝クルー、セーヴル、ムードンの
　　　　　　市町村長、および警察庁によって今日までに与えられた、いかなる異性
　　　　　　装に関する許可も無効とする。
　　第２条　男性服の着用を望むすべての女性は許可書を得るため、警察庁に出頭し
　　　　　　なければならない。
　　第３条　公認の署名がなされた医師の証明と申請者の氏名・洗礼名・職業・住所
　　　　　　が記された区長や警視の証明に基づいてのみ、許可書は発行される。
　　第４条　前述の措置に従わない異性装が発覚した場合、女性は逮捕、警察庁に連
　　　　　　行される。
　　第５条　この警察条令は、セーヌ県の全地域とサン＝クルー、セーヴル、ムード
　　　　　　ンの市町村において公示、公布される。また、軍の第15・17師団および

パリの駐屯部隊の指揮官、セーヌ県とセーヌ＝エ＝オワーズ県における
憲兵隊長、区長、警視、警部といった、法令の確実な遂行者に向けて発
令するものである[1]。

　この警察条令の違反者は逮捕、警察に連行され、罰金刑や5日以下の拘留刑
に処せられたとされる。同警察条令は1892年と1909年に改訂され、サイクリン
グや乗馬の際、女性にズボンの着用が許可されたといわれるものの、ほぼ19世
紀の間、フランスの女性たちはズボンをはじめとする男性服の着用を法令で禁
止された。市民社会の到来で、服装における標識性が身分から性へと移り変わ
るなか、性のありようが重要視されたのは男性よりも女性であったことがうか
がえる。
　ズボンの着用が女性に禁止されていたこともあり、19世紀のフランスにおい
て、ズボン型のペチコート（下着）は非常に
興味深い服飾である。1810年の諷刺版画集
『ボン・ジャンル』に掲載された版画《ズボ
ンをはいた美の三女神》（図6-1）には、ズボ
ン型のペチコートに関して、次のような文章
が付されている。

Les Grâces en Pantalon.

Le Bon Genre, N.º 42.

図6-1　「ズボンをはいた美の三女神」
（諷刺版画集『ボン・ジャンル』
No.42, 1810年, パリ・フランス国立図
書館所蔵, RES-Réserve OA-94(B)-4)

　　この衣服［ズボン型のペチコート］は、半分
　　男性用で、いささか奇妙なところがある。こ
　　れを身につけて、大通りやチュイルリー公園
　　へ現れる女性たちはわずかであるが、実に
　　憂慮すべき好奇の対象になっており、あえ
　　て娼婦たちだけがこの衣服を着用していた[2]。

　ズボン型のペチコートは、19世紀初頭にイ
ギリスから少女の運動用として伝わるも、フ
ランスでは女優や踊り子、娼婦といった一部
の女性たちの間でしか普及しなかった。ズボ

ン型であることから男性の服装を改変したようなものととらえられ、それを身につける女性は男性や半男性的な、男勝りの女とみなされた。しかしながら、19世紀半ばになると、女性のペチコートは一般的であったスカート型に代わって、ズボン型のものが普及しはじめる。服飾流行に伴い、ドレスのスカート部分が巨大に膨らんだクリノリンスタイルへ変化すると、人目にふれやすくなったスカート内部の脚および恥部が晒されるのを防いだからである。この時期に、ズボン型のペチコートは「慎みの筒」とも呼ばれ、貞淑な女性や女性の慎み深さを象徴する衣類へと変化していった。[▶3] 19世紀の前半と後半で、その象徴性を正反対に変化させる衣類が、ズボン型のペチコートなのである。つまり、ズボン型のペチコートは、19世紀前半では広義に解釈すれば「異性装」に該当する服飾であるのに対し、19世紀後半では「女らしさ」を代表する服飾である。服装に仮託する性の標識が時間とともに変化することを、ズボン型のペチコートは私たちに教えてくれる。

2 ≫ ズボンの表象

　それでは、服装と性の関係を考える上で避けることができない、ズボンがもつシンボリックな意味について考えてみたい。結論からいえば、中世から近代に至るまで、ズボンには、男性自身や男性に付随する権威を表象してきた歴史が連綿と存在している。また、衣服の奪い合いを主題にした通俗版画、小説や笑話などでは、ズボンが「力・支配・自由」を、スカートならびにスカート型のペチコートが「弱さ・服従・束縛」を象徴するのが常である。とくに「ズボンをめぐる争い」をテーマにした版画からは、ズボンが男性自身および家長の権利を表象し続けてきた様子を確認することができる。

　また、同テーマの通俗版画には、複数の女性がひとつのズボンをめぐって争い合う構図と、男女間でひとつのズボンをめぐって争い合う構図との２種類のものが存在している。前者は、男性自身の表象であるズボンを数人の女性たちが力ずくでライバルから奪う様子を描いており、意中の男性の恋心や恋人の奪い合いを表現している。後者は、どちらが家庭の主人になるかを決定するため、

家長の権利を表象するズボンの所有権を
めぐって夫婦（男女）がひとつのズボン
を奪い合い、闘う姿が描かれている。と
りわけ後者の事例は服装と性について論
じる上で興味深い主題であるので、15世
紀末と19世紀半ばの2点の作品を通し
て、構図を詳しくみていきたい。

図6-2　イスラエル・ファン・メクネム「ズ
ボンをめぐる争い」（15世紀末, パリ・
フランス国立図書館所蔵, Ea-48-b）

　15世紀末にイスラエル・ファン・メク
ネムが制作した銅版画《ズボンをめぐる
争い》（図6-2）では、女性（妻）が男性
（夫）よりも優勢で、今にも妻がズボン
を奪い、勝利を収める雰囲気で描かれて
いる。中世末期のズボンはタイツ状の形
状であり、右下にある地面に打ち捨てら
れた紐のようなもの、これがズボンであ
る。そして夫を殴りつけるため、妻が右
手に握り、ふり上げているものは、糸巻き棒である。なぜ妻が糸巻き棒を手に
しているかというと、妻が勝利を収めた際、典型的な女性の仕事と考えられて
いた裁縫仕事を夫に押しつけるためとされる。なお、本作品の制作者である版
画家イスラエル・ファン・メクネムは、ズボンをめぐる争いに妻が勝利した後
の様子、すなわち夫が裁縫仕事を押しつけられている情景を、最初に描いた人
物ではないかと推察されている。
　次に、1843年の作者不詳の木版画《夫婦の大喧嘩》（図6-3）は、近代以降の
「ズボンをめぐる争い」をテーマにした版画によく見られる構図となっている。
家のなかで女性（妻）と男性（夫）がひとつのズボンをめぐって引っ張り合い
をしており、夫は棍棒を、妻は糸巻き棒をふり上げている。その周囲では、男
女の子どもと犬や猫が夫妻の激しい争いを止めようとしており、床には糸紡ぎ
台や子どもの遊び道具などが散乱している。また、窓の外に目を向けてみると、
ひとりの近隣住民がたたずんでいる。これは男性の場合も、女性の場合もあり、

男性の場合は、夫を応援するために駆
けつけ喧嘩の様子を見守る姿が、女性
の場合は、喧嘩の様子をうかがいに来
た心配そうな姿が、描かれる。

図6-3 「夫婦の大喧嘩」
（1843年, パリ・フランス国立図書館所蔵, Tf-90-Fo-t.1）

　以上のように、ズボンが豊かな象徴
性を保持し続けてきた社会的な背景の
なかで、その表徴を活用した事例を、
19世紀前半のフランスに見出すことが
できる。それは、女性サン＝シモン
主義者のズボン型のペチコートであ
る。サン＝シモン主義を支持する女性
たちは、青い簡素な膝丈のドレス・ズボン型のペチコート・赤または白の襟巻
き・赤い大きな帽子・ベルトからなる特有な格好をしていたことで知られてい
る（図6-4）。

　サン＝シモン主義とは、フランスの思想家
サン＝シモンの教えを、彼の死後、弟子たち
が引き継ぎ、発展させた社会思想である。「産
業至上主義」および「有能者支配」と総括さ
れるように、その思想は、産業革命の影響を
受けはじめたフランスを産業が発展しやすい
社会に再編成することや、相続財産や家柄な
ど、生まれながらの特権によらない社会の構
築を目指すものであった。他方で、七月王政
下で顕著になったブルジョアの個人主義的な
経済活動や自由競争を抑止し、経済格差の拡
大や犯罪率の上昇など、あらたに生じた社会
問題を解決して、社会的弱者である労働者と
女性の救済を目的としていた。このような思
想の旗印として、サン＝シモン主義者たち

図6-4　ルイ・マルーヴル「若きサン＝
シモン主義の女性」（1832年初頭, パリ・
アルスナル図書館所蔵, FE-Icono-48-98）

は、1830年代はじめに制服制度を確立し、制服の形状や色彩、着用の仕方にシンボリックな意味を込めたのである。女性サン＝シモン主義者の服装に関しては、『自由女性』紙3号の記事のなかで次のように記され、裁縫仕事の放棄を着用要件としている。

　　間違いなく彼らが待ち侘びていること、それは新しい法を作成するために女性が男性と結束すること、そして使徒のドレスを着るために女性が針やボビンの裁縫仕事をやめることである。[4]

　そもそも、女性サン＝シモン主義者たちがズボン型のペチコートを着用した目的は、女性にも男性と同等に家庭を治める権利が存在することを示すためであったようである。1832年に刊行された説教集『サン＝シモン主義の信仰と自由女性についてのサン＝シモン主義者の対話、そしてサン＝シモンの信仰の難点と魅力についての大論争、女性の大勝利‼』には、夫が無能ならば、彼に代わって妻が有能さを示し、家庭を治めるべきであると説かれている。この説教集は、サン＝シモン主義者とカトリック教徒との対談形式になっており、カトリック教徒から非難されたのを受けて、サン＝シモン主義者は次のように反論している。

　　あなた方が私たちを打倒するため、結束しているのを知っています。努力は全て無駄になるでしょう。私たちはあなた方が称賛する過誤や悪習の敵です。あなた方は妻に夫への従属を強いています。妻は権利を有してなければならないし、夫に充分な特質がなければ、妻が自分の家を治めるのは当然のことです。[…] 女性たちがその舵取りを負わなかったら、パリや他の場所にある多くの施設は失われているでしょう。真のサン＝シモン主義者として、私たちはこの法を作成しました。夫が用件に対処できない場合、妻がその聡明さを示すことを認めます。[5]

　この説教集には、全部で九つの曲節が存在しており、先述した対話の間にも、次のような曲節が挿入され、ズボンと家庭を治める権利とが結びつけられている。

　　これぞ世界で最も素晴らしい男

心正しきこの女性は、夫のキャリアを飾り立て、夫のもとではすっかり退化して
しまっている理性によって彼を導く
ご存知の通り、船にはいつだってよい船頭が必要だ
夫に知性が欠けているなら、妻にはズボンが必要だ[6]

　サン＝シモン主義の女性解放思想とは、「社会的個人はもはや男性だけでは
なく、男性と女性からなり、すべての機能は夫婦によって果たされなければな
らない」という、サン＝シモンの旧友オランド・ロトリーグの言葉から展開し
たものである。それは、男性と女性の対等な関係が、一夫一妻制や一組の男女
を基本とする家族制度のなかで培われることを原則とし、当時の民法（ナポレ
オン法典）に対抗して、家父長的な家族制度の廃止を標榜するものであった。
つまり、夫が無能ならば彼になり代わって妻が有能さを示し家庭を治めるべき
ことを、女性にも男性と同様に家庭を治める権利が存在するといった夫婦の間
での男女平等を訴えるものであった。サン＝シモン主義者たちは、夫婦間での
男女平等を基本にする女性解放の思想を普及
する際、その思想を女性がズボン型のペチ
コートを身につけるといった具体的な行為に
変換していたのである。

　本節の最後に、サン＝シモン主義者が思
想を普及するために制作したとされる色刷り
版画《サン＝シモン主義者、自由女性》（図
6-5）を取り上げたい。縦8.4センチ、横4.4セ
ンチのアーチ型の形状で、箱や瓶のラベルに
するため、1832年に制作された4点シリーズ
のうちの1点の版画である。手に棍棒を握
り、青いドレスを身にまとった女性サン＝シ
モン主義者の立ち姿が描かれており、彼女の
足元には法典と糸紡ぎの棒がふみつけられて
いる。そこには、ズボンをはく者、すなわち

**図6-5 「サン＝シモン主義者、自由女
性」**（1832年，パリ・フランス国立図書
館所蔵，ヴァンクコレクション12239）

家庭を治める権利を掌握した者は、糸紡ぎなどしないという中世から通底する意識が垣間みえる。女性サン＝シモン主義者の服装の着用要件として、裁縫仕事の放棄があげられるのも、ズボン型のペチコートを身につけるからだと考えられる。結局、女性サン＝シモン主義者のズボン型のペチコートは、サン＝シモン主義の女性解放思想をより単純化し、女性解放の思想を普及させる手段として、何よりふさわしかったのである。

3 ≫ 異性装の表象

　では次に、服装における性差が最大になったとされる19世紀フランスを事例として、女性がその役割を放棄し、服装の性差を乗り越えようとする際、どのような動機が存在し、いかなる社会的・文化的な背景が取り巻いているかを検討していきたい。

　すでに、ルドルフ・デッカーとロッテ・ファン・ドゥ・ポルによる共著『近世初期のヨーロッパにおける女性の異性装の慣習』において、女性が異性装をする理由としては、次のものがあげられている。同性同士の恋愛以外では、恋人や夫、家族の姿を追い、ともにあることを、もしくは反対に、それらの人びとから逃げ出すことを目的とするロマンチックな動機、娼婦としての人生を拒否し、貧困から逃れることを目的とする経済的な動機、戦時に兵士として母国を救うことを目的とする愛国的な動機という、主に3つのものである。また、ヨーロッパで女性の異性装の事例が多いことについて、自己保全や男の領域とされる仕事への願望、女の役割に対しての不安、レズビアニズムなどとよくいわれるが、これはデッカーとファン・ドゥ・ポルの著述によるところが大きいと思われる。このような異性装の動機は、19世紀前半のフランスにおいて、もっとも有名な異性装者のひとりである女性作家ジョルジュ・サンド（図6-6）の事例にもあてはまるのだろうか。

　1830年代のパリにおけるサンドの異性装は、「経済的・機能的な理由」、「知的好奇心を満たすため」、「性の不可視化としての旅行着」、そして「社会的な制約のため」という4つの側面をもっている。要するに、彼女の異性装は、生

活費の節約や機能的な利便性によるものか
ら開始され、職業作家として生きるという
信念のために続けられた。時には、道中で
盗賊に襲われないようにするためや山歩き
のためなど、男性服の利便性と機能性は旅
行の際に活用された。さらに、1835年5月
になると、異性装は共和主義者としての政
治活動とも関係するようになり、彼女は自
伝のなかで以下のように述べている。

図6-6 アルシッド・ロレンツ「滑稽な鏡」
(1842年, パリ・フランス国立図書館所
蔵, SNR-3 [Lorentz, Alcide-Joseph]
Numéro 1842-3913)

> 男性たちと一緒にいるたったひとりの女
> 性として注目されないため、私は再び、
> 少年の服装をときおり身につけるように
> なった。それは、私にリュクサンブール
> での5月20日の例の法廷［巨大裁判］に気
> づかれずに入り込むことを可能にしてく
> れた。[8]

　引用文中の巨大裁判（マンモス裁判）とは、1835年4月より、労働者および反
体制派の指導者など100人以上からなる逮捕者を一斉に裁いた裁判を意味して
いる。1834年4月9日から12日にかけて、リヨンの絹織物工たちが労働条件の
改善を理由に起こした暴動に対して、政府は厳しい弾圧を行った。このことが
引き金となり、パリやマルセイユ、サン＝テチエンヌなどのフランス各地で暴
動が続発し、多数の逮捕者が出た結果、開かれたのが巨大裁判であった。サン
ドが1835年5月に男性服を身につけ、リュクサンブールの貴族院を訪れたのも、
そこで開廷された一連の巨大裁判を傍聴するためであった。1835年5月に彼女
が議員のドガーズ公爵へ宛てた書簡では、貴族院での異性装について、次のよ
うに綴られている。

　今日、私は入場券をもっていましたが、私のフロックコート［異性装］は認められ

ませんでした。それで、あなたのお名前を厚かましくも引き合いに出し、入場することができました。もし親切にも2枚の入場券を送って下さるならば、明日も同じように貴族院へ行きたいのです[9]。

　それでは、なぜサンドの書簡の宛先がドガーズ公爵議員であったのかというと、それは公爵の発言に関係している。1835年5月11日付けの『ルーアン新聞』には、以下のように記されている。

　　被告人の妻ボーヌ夫人は、訴訟へ出席させて欲しいと貴族院尚璽［法官］に懇願していた。ドカーズ氏は夫人へ次のように言った。「マダム、この件に関しては、私たちの決議は揺らぎません。だがあなたは、口頭弁論を聞く手だてをおもちです。ここに［公判の］入場券がありますから、ズボンをおはきなさい。あなたはかわいらしい女性ですが、きっと素敵な青年になるでしょう。そして私たちは、常に喜んであなたを招き入れることでしょう[10]。」

　当時の女性たちは、たとえ被告人が夫であろうとも、政治訴訟の公判には出席できないという社会的な背景があり、その背景を受けて、ドガーズ公爵は先述の発言をしたものと思われる。19世紀の政治訴訟・重罪訴訟では、女性の感動しやすさやヒステリックなどを理由に、厳しい女性の締め出しと排除がなされていたとされる。また当時、番人は、異性装した女性が口頭弁論を聞きに来る姿をみてみぬふりをしていたと指摘されている[11]。しかし、サンドの場合は、見咎められ、ドガーズ公爵の名前を引き合いに出すことで、ようやく貴族院への入場を許可されたようである。このように19世紀フランスにおける女性たちは必要に迫られて異性装を強いられており、それが社会的な制約への受動的な反応であったことは注目に値する。
　ジョルジュ・サンドによる異性装は、単に服飾観や性向など個人的な範囲にとどまるものではないことが明らかである。実生活での異性装について、彼女は「異性装によって、十分に男性として活動することができた。それまで愚鈍な田舎者であった私は、この格好によって、永久に閉ざされていた社会［＝男社会］を目にすることができた[12]」と述べている。異性装という行為は、当時の

人びとが置かれていた生活状況を反映し、服装が性別役割の表徴であることを改めて確認できると同時に、ジェンダーの恣意性を伝えるものである。

4 ≫ 服装にみるジェンダー規範

　19世紀フランスにおける2つの事例を中心に、服装と性の関係について考えてきた。女性サン＝シモン主義者の事例では、服装（ズボン型の下着）が新しいジェンダー規範を視覚化し、生み出すために活用された。また、ジョルジュ・サンドの事例では、服装（異性装）によって時代のジェンダー規範が確かめられるとともに、服装はその規範を維持し、強固にする上で重要な役目を負っていた。服装における性差が大きければ大きいほど、服装はジェンダーと分かちがたく結びつき、ジェンダーロール（性別役割）を創出していく。

　本章の冒頭で、ファッションにジェンダーは必要かという疑問を投げかけたが、より厳密にいうならば、ジェンダーにとらわれないファッションは存在しうるのかということになるのかもしれない。目の前にある規範から外れようとすると、すぐに別の規範に包含されるというのが、服装にみるジェンダー規範であり、上着から下着までジェンダー規範からまったく自由であることはなかなかに難しい。しかしながら、既存のジェンダー規範にとらわれないことにあらたなファッション・デザインの可能性を模索する現状がある以上、これから私たちがどのような服を身につけていくのかという意味においても考え続けていかなければならないテーマであることは間違いない。

　では、少し歴史をさかのぼるが、19世紀末のヨーロッパの人びとは、今後はどのような服装が流行し、人びとはいかなるものを身につける

図6-7　「紀元2000年の女性」（1899年．ジョン・グラン＝カルトレ『ズボンをはいた女性』より）

図6-8 「1940年と45年のファッション」
（1893年,『ストランド・マガジン』より）

ようになると予想していたのであろう
か。1899年にフランスの作家ジョン・グ
ラン＝カルトレは、自身の著作『ズボン
をはいた女性』のなかで、《紀元2000年
の女性》（図6-7）の姿を予測している。[13]
それによれば、1世紀を経過した後に
は、女性は頭に羽根飾りのついたシルク
ハットを被り、ジャケットと長ズボンを
身につけ、高いヒールのブーツをはき、
右手にステッキをもち、口元に煙草を咥
えている。また、1893年6月のイギリス
の月刊誌『ストランド・マガジン』には、カデ・ガルが記した「ファッション
の未来予測」において、当時の服装から100年後のファッションまでが、35個
のイラストを用いて予想されている。[14] 予想では、1938年から45年頃に東洋風の
影響で女性のズボン着用が進む一方（図6-8）、同時期の男性はズボンを一時、
放棄すると考えられている。さらに、1936年のファッションとして、パンツ部
分が異常に膨らんでスカートをはいているかのような男性のファッションも見
受けられる。いずれの予測においても、服飾流行を見事に的中させているわけ
ではないものの、服装における性差は時代がすすむにつれ、小さくなっていく
という立場で未来のファッションを見据えていたことは、注目すべきではない
だろうか。

■注

▶ 1　*Gazette nationale ou Le Moniteur universel*, no.54, p.212, Quartidi, 24 brumaire an 9 de la
république française, une et indivisible
▶ 2　*Observations sur les modes et les usages de Paris, pour servir d'explication aux 115 caricatures
publiées sous le titre de Bon genre depuis le commencement du dix-neuvième siècle*, 1817, No.42,
p.8
▶ 3　セシル・サンローラン『女の下着の歴史』深井晃子訳, 文化出版局, 1981年, pp.107-18
▶ 4　*La Femme Libre*, 3ᵉ numéro, p.5
▶ 5　Neveux, *Dialogues d'un saint-simonien sur la religion saint-simonienne, les femmes libres
saint-simoniennes, et grande dispute sur les inconvénients et les agréments de la religion de*

Saint-Simon; Triomphe de la femme!!!, Imprimerie de Sétier, Paris, 1832, p.6

▶ 6 *Ibid.*
▶ 7 Rudolf M. Dekker, Lotte C. van de Pol, *The Tradition of Female Transvestism in Early Modern Europe*, Macmillan Press, London, St. Martin's Press, New York, 1989（ルドルフ・M・デッカー／ロッテ・C・ファン・ドゥ・ポル『兵士になった女性たち：近世ヨーロッパにおける異性装の伝統』大木昌訳，法政大学出版局，2007年）
▶ 8 George Sand, *Histoire de ma vie*, t.2, Gallimard, Paris, 1971, p.331
▶ 9 George Sand, *Correspondance*, t.2, éd. Georges Lubin, Classiques Garnier, Paris, 1966, pp.889-90
▶ 10 *Journal de Rouen*, 11 mai 1835
▶ 11 ミシェル・ペロー『歴史の沈黙：語られなかった女たちの記録』持田明子訳，藤原書店，2003年，p.441
▶ 12 George Sand, *Histoire de ma vie, op.cit.*, p.132
▶ 13 John Grand-Carteret, *La Femme en culotte*, Ernest Flammarion, Éditeur, Paris, 1899
▶ 14 "Future Dictates of Fashion", *The Strand Magazine*, June 1893

■参 考 文 献

新實五穂『社会表象としての服飾：近代フランスにおける異性装の研究』東信堂，2010年
新實五穂「性を装う主人公」，日本ジョルジュ・サンド学会編『200年目のジョルジュ・サンド：解釈の最先端と受容史』新評論，2012年，pp.25-37
Christine Bard, *Une Histoire politique du pantalon*, Seuil, Paris, 2010
Gretchen van Slyke, "Who Wears the Pants Here? The Policing of Women's Dress in Nineteenth-Century England, Germany and France," *Nineteenth-Century Contexts*, Vol.17, No.1 1993, pp.17-33

コラム　ズボンと女性の現代

　2013年に，ズボンの着用に関して，フランスで歴史的な出来事があったのをご存知だろうか。2013年2月4日にフランスの日刊紙『リベラシオン』において，「パリジェンヌのズボン着用がついに許可される」という見出しが紙面を賑わせた。翌日には，フランス通信社が女性権利相ナジャット・バロー＝ベルカセムのズボン姿の写真とともに，「パリの女性にズボン着用を禁じた条例は無効」と報じ，19世紀はじめに施行されたある法令について言及した。

　その法令こそが，本章でふれた，1800年11月7日にパリ警察庁の警視総監デュボワによって制定された「異性装に関する警察条令」である。同警察条令は完全に廃れ，失効している状態とはいえ，法令の条文が存続していた。それゆえ，ベルカセム女性権利相が，2013年1月31日の元老院の官報に記された，次のような発言をするに至ったのである。

　記憶によれば，異性装に関する警察条令は，女性の男性服着用を禁じることで，

女性たちがある種の職業や職務につくことを制限する狙いが何よりもまずある。同法令は、憲法の前文第一条および人権に関してヨーロッパの条約に明記された両性の平等の原則と相いれない。暗に廃止され、法的な効力をもっていない警察条令が［両性の不平等の］原因になっており、同法令はもはやパリ警察が保管すべき古文書のひとつにすぎない。

　彼女の発言を受けて、先述した見出しがフランスの新聞紙面を飾った。ただし、異性装に関する警察条令は、法的な次元では「暗黙の廃止」であり、ベルカセム女性権利相が条文の撤廃や完全な廃止を実現したわけではないことが指摘されている。また、現代においても、数年前のアフリカのスーダンでの出来事のように、女性のズボン姿は卑しい格好とされている国や地域がある。罰金や投獄、鞭打ちの刑などを被るおそれのある行為が、女性のズボン着用なのである。これを考慮に入れれば、フランスでの出来事を時代錯誤のおもしろい話題として簡単に受け止めることはできない。ズボンには、男性自身や男性の権利が象徴されてきた反面、女性の希望や自由、抵抗などのシンボリックな意味が投影されてきた歴史があることを私たちは忘れてはならないだろう。

（新實　五穂）

コラム　ジェンダーレスな服飾デザイン

　2015年前後からの服飾流行を示す表現として多用される、ジェンダーレスな服飾とは、どのようなデザインなのだろうか。新聞記事の解説に目を向けると、ジェンダーレスな服飾とは、「性差が存在しておらず、誰もが自由にデザインを分かちあうことが可能な装い」と定義できる。ただし、この定義がさし示す装いには、男女が同じ衣類を着用する事例、および男性が女性服を、女性が男性服を身につける事例をはじめとして、さまざまな服飾デザインが含まれている。具体的には、オーバーサイズやビッグシルエットと称される身体線を強調しないデザインを重用する装いや、裁断や縫製方法を工夫することによって性別を曖昧にしている装い、男物よりも女物のイメージを持つ色調・模様・素材・装飾などを男性服のデザインに活用することで、性差を感じさせない装いなどがあげられる。

　多くの場合、男性服は、女物とみなされていたデザイン要素を組みあわせることが「ジェンダーレス」であり、その装いによって「男らしさ」の多彩さを打ち出す傾向にあるといえる。他方で、女性服は、男性服に起源がある衣類に対して、女性が利用

しやすいように色調・素材などのデザインを工夫したり、スカートやワンピースのような女物と考えられている衣類と組み合わせて着装されることが「ジェンダーレス」とされる。そしてこのような装いによって「女らしさ」が産出され、増幅される傾向にある。結果として、ジェンダーレスな服飾には男性服・女性服という分類が完全には無くなっていない上、「ジェンダーレス」という言葉で一括りにしても、ジェンダーレスな服飾デザインには性差が存在している。

　また、ジェンダーレスな服飾が生じた社会背景として、衣類をデザインする側にも、それを購入する側にも、経費を節減するための節約志向がうかがえる。そこに既存のデザインや伝達方法ではなく、あらたな表現手段となるジェンダーレスな服飾デザインがうまく当てはまることで、ブランドイメージの鮮明化や幅広い顧客の獲得、あらたな消費活動を呼び起こす契機となっている。なかでも、ジェンダーレスな服飾デザインが支持を集める要因として、多様性を容認する社会意識の向上により、既成概念や固定観念が揺らいでいることがメディアでは強調されている。

　しかしながら、具体的なデザインのなかには既存のジェンダー規範や男らしさ・女らしさのイメージを活用した上で成り立ち、自身の性別をより強固に強調する、ジェンダーレスな服飾デザインが包含されている。つまり、多様性や包摂性を掲げるデザインにおいても、ジェンダー規範は容易に再構築される可能性をもっているのである。

（新實　五穂）

人生を彩る服飾

内村理奈

　私たちの人生は、服飾で彩られている。人生の節目を、特別な衣裳を身につけて祝い、喜び、場合によっては悲しむことによって、人生の階段をひとつひとつ昇っていく。それぞれのライフステージを、このように華やかに迎えることを、ともすれば簡素にしていこうとする考えもみられるようであるが、服飾は私たちの人生を豊かに演出していくために、大切にすべき文化でもあるといえるのではないか。東日本大震災の後、実は悲しいことではあるが、喪服の需要が高まった。亡くなった親族や知人を、きちんとした形で送ってあげたい、という思いが広がっていたからだという。私たちは、決して無味乾燥ではなく、喜怒哀楽の感情の機微とともに生きている。生きていることそのものを、豊かにしていく服飾の物語を、本章ではみていくことにしたい。

1 ≫ ウェディングドレスのヴェールと女性への願い

1．花嫁は顔を隠す

　みなさんのなかには、ウエディングドレスや日本の婚礼衣装や白無垢の打掛などを一度は着てみたいと思ったことがある人もいるのではないだろうか。最近では婚礼衣裳のあり方も個性豊かに多様化してきているが、伝統的な婚礼衣裳では、洋

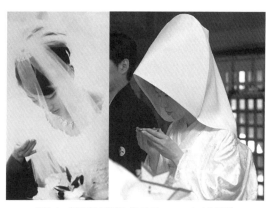

図7-1　顔を隠す花嫁（左はヴェール，右は綿帽子）

の東西を問わず、ヴェールや、角隠しや綿帽子のように、どういうわけか顔を少し隠す衣裳になっている（図7-1）。西洋風の結婚式では、指輪交換をした後に、花婿がヴェールを取り除いて花嫁にキスをする、というシーンを目にする。このように、ヴェールや綿帽子で少し顔が隠されている花嫁に、新婦にふさわしい奥ゆかしさや純真無垢な印象を、私たちは抱いているようである。

　花嫁はなぜ顔を覆うのか。これは結婚という儀式における約束事であり、エチケットといえるものであろう。私たちは花嫁のヴェールや顔隠しを、当たり前のこととして受け止めているが、本節では、その答えのひとつを紹介したい。ヨーロッパ各地に残されているおとぎ話の世界に、花嫁衣裳のヴェールのルーツをたどり、その意味を探ることにしたい。

２．『ロバの皮』の花嫁探し

> ご自分の正体を隠すには、ロバの皮はすばらしい仮面です。この皮ですっかり身を隠せば、おぞましいものだから、誰も決して思いますまい、美しいものを包んでいるとは。

　この文章は、シャルル・ペロー（Charles Perrault, 1628-1703）の童話『ロバの皮』の一説である。『ロバの皮』とは次のような物語である。梗概を述べておこう。

　むかし、ひとりの王様が最愛のお后を亡くしたあと、亡き妻に劣らぬほど美しい自分の娘に恋をした。娘である王女はそれを悲しみ、父王に難題を課して求婚を退けようとした。しかし、父王は難題に応えていく。そのようなことができたのは、父王にはいくらでも金貨を生み出してくれるロバがいたからであった。王女がもはや王の求婚から逃げることはできないと思ったところに、仙女が現れ、あのロバの皮を所望すれば、さすがの王もあきらめるであろうと教えた。しかし、王は娘の望み通りロバの皮を贈り届けた。悲嘆にくれた王女に、仙女は引用した言葉のように諭し、ロバの皮を頭からかぶって変装し、身を隠すように促す。

　身をやつした王女は放浪の旅に出かけ、ある農家の台所の片隅で来る日も来

る日も下女として働いた。昼間は下女の姿をしている王女は、自分の部屋に帰ると、かつて父王から贈られた美しいドレスを人知れず身につけて、わが身を慰めていた。しかし、ある日、その姿を王子がこっそり覗いてしまう。王子はすっかり王女の美しさに心を奪われてしまった。王子はその日以来、王女に恋焦がれるようになる。しかし、その人がだれなのかわからず、周囲に尋ねても、あれは醜い「ロバの皮」にすぎないとあしらわれてしまう。王子はすっかり恋の病で寝込んでしまった。

　病床の王子が唯一望むのは、「ロバの皮」が作るお菓子を食べることであった。王子の母はかわいい息子の願いをかなえてあげるため、「ロバの皮」にお菓子を作らせる。「ロバの皮」は一生懸命ケーキをこしらえた。そしてそのなかに自分の指輪をそっと忍ばせる。ケーキのなかの指輪を見つけた王子は、この指輪がぴったりあう女性となら結婚すると言い出し、花嫁探しが始まった。身分を問わず、ありとあらゆる女性がこの指輪をはめようとした。しかしだれもうまくはまらない。指輪を試していない女性は、とうとう「ロバの皮」ひとりを残すだけとなった。指輪の主が、まさかあの「ロバの皮」であるはずがないと信じる宮廷の人びとは猛反対したが、「ロバの皮」が指輪を試したところ、ぴったりとはまった。「ロバの皮」がその醜い獣の皮を脱ぎ、美しいドレスを身にまとうと、だれもが驚くようなすばらしく美しい女性になり、ふたりは皆に祝福されて、結婚式をあげたのである。

　これがペローの『ロバの皮』のあらすじである。いわゆるシンデレラ・ストーリーで、王子の花嫁探し譚であるといってよい。この世でもっとも醜く貧しいものと思われていた娘が実は美しいお姫様であり、王子と結婚するというよくある物語である。

　この『ロバの皮』の話は、他のペローの童話と同様、長い間語り継がれてきた民話、おとぎ話に基づいている。ヨーロッパ各地に伝わる民間伝承のなかで、この手のおとぎ話はさまざまなヴァリエーションで代々受け継がれてきた。『ロバの皮』や、『羊の皮』と題され、要するに、動物の皮をかぶった女性が、王子に見そめられ、花嫁探しをした結果、そのおぞましい動物の皮の下に隠れていたのは、実は捜し求めていた美しい花嫁であったという筋書きである。

興味深いのは、この物語と同じような内容の民話と風習が、ヨーロッパのあちらこちらでみられることである。それは、カーニバルの期間に行われる若者たちの、おとなになるために必ず経験する、一種の通過儀礼と重なる結婚の風俗とされている。実はここに、現代の花嫁衣裳にみられるヴェールによる顔隠しのひとつの起源があり、カーニバルの仮装や仮面と、花嫁衣裳の思いがけない結びつきをみることができるのである。

３．カーニバルの仮装の意味：レジア村の事例

　北イタリアのヴェネツィア北部、スロベニアとの国境にほど近いアルプスの山中に、レジアという村落がある。人類学者デボラー・プッチオ（生年不詳）の研究によれば、ここに『ロバの皮』に似た『羊の皮を着た娘』という民話と、これに酷似したカーニバル期間の若者たちの風習が残っていた。

　レジア村では、若者たち、とくに若い娘たちが、公現祭（１月６日頃）から始まるカーニバル期間中、ババと呼ばれる扮装で過ごす。ジュディ・グラ（謝肉の木曜日）までをババで過ごし、この日を境に花やリボンで飾る華やかなマスキラという扮装に変わる。まず、ババという扮装についての説明をしよう。

　ババとは、若者が雌羊を殺した時に、その皮をよく洗い、塩を振って、場合によっては１年ほど放置しておいたもので作った仮装用の衣裳のことを指している。塩だけでなく酢もかけて、ベッドの下に置き、その後乾かした皮を使うこともあるという。ババとは、このように用意さ

図7-2　レジア村の仮装の様子
（Deborah Puccio, *Masques et dévoilements, Jeux du feminine dans les rituals carnavalesques et nuptiaux*, CNRS Éditions, Paris, 2002の表紙より作成）

れた頭から尻尾まで含んだ羊の皮を基本として、ありとあらゆる汚い衣服をかき集めて作られたものであった。たとえば、ビュールと呼ばれる古くからある粗毛織物や、破れ、穴の開いた暗い色の衣服が集められ、これらとこの羊の皮とを組み合わせて、汚く、醜く、貧しさの象徴となるような装いを凝らす。そして、黒い仮面やヴェール、あるいはハンカチーフで顔をすっかり覆い、それを身につけているのがだれなのか、まったくわからないようにするのであった（図7-2）。

レジア村において、カーニバルは若者がおとなの仲間入りをするための通過儀礼の場になっていた。通常、それは結婚によって完結された。子どもからおとなへの転換、あるいは変身の装置として、カーニバルの特別な衣裳や仮面が機能していたという。そのような転換のきっかけになる典型的な仮装ババには、若い娘がおとなになるために通過しなければならない、いくつかの象徴をみることができるのである。

(1) 子孫繁栄の願い

第1に、それは穢れである。民俗社会学者イヴォンヌ・ヴェルディエ（?-1989）によれば、成熟した女性は月経をはじめ、くり返される出産によって汚れた血とのかかわりが深く、キリスト教世界にあっては、蛇にかまれたイヴの血、つまり原罪に結びつく穢れと考えられた。レジア村のカーニバルにおける汚れた醜い姿への変装には、結婚前の娘が女性に固有の穢れを身にまとう意味が込められていた。しかし、それは決して悪い意味をもつのではなく、穢れとは、女性の多産、子孫繁栄の象徴でもあったため、幸せな結婚をして子宝に恵まれるようにという、おとなたちの娘への願いが込められている衣裳でもあった。

(2) おとなになる前のさなぎ

また、ババには異性装的な要素もある。結婚前の娘が、とくに祖父の薄汚れたパンタロンなどの衣服を着用することがあった。若い娘が異性の、しかも老人の装いを借りることで、彼女のイメージは複数の自分自身と対立するものへと変貌する。彼女のアイデンティティは完全に覆い隠され、不明瞭なものになってしまう。アメリカの人類学・社会学・言語学の研究者であったグレゴリー・ベイトソン（Gregory Bateson, 1904-1980）によれば、このような「自分の境界線

の崩壊」は、一段上のおとなの女性に飛躍するために必要なことであった。いわば美しい蝶になるための醜いさなぎの状態である。しかも、若者たちの仮装を指すババという語は、レジア村においては「老い」を意味するものでもあった。若者たちのカーニバルには老人の存在が必要とされた。なぜなら若者はものごとを知らず、老人がいなければ、どのようにカーニバルを行えばよいかわからないからである。老人はカーニバルの先導者とみなされていた。

⑶　あの世とこの世の橋渡し

　さらに、老人の表象は死のイメージにまで発展している。たとえばストルヴィザ村においてはクカチがババに相当したというが、クカチはジャガイモを食べる害虫コロラドハムシのことで、これは墓土のなかに潜んでいる虫のことであった。スラブ語圏において、ババは「老い」と「祖先」を意味する。その上、クカチもババも、語源をたどると、いずれも「小さな獣」を意味した。結局、この「獣の皮」の仮装・仮面は「死者」と「生者」の間を橋渡しする仲介者の役割を担っていることになるのだという。

　このような重層的な意味をもつ仮装・仮面をかぶって、若い男女がお互いの素性もわからぬままに、おとなの目を盗み、抜き足差し足で秘密の会合での濫行騒ぎを起こすのがこの村のカーニバルであった。

　ババの装いの間は、男なのか女なのか、若いのか年老いているのか、生者か死者か、まったく区別のつかない混沌とした状態が続く。それがカーニバル期間中に、しだいに変貌を遂げていく。徐々に不明なものから確かなものに、闇から光の世界へ、さなぎが蝶に孵化するように、姿をあらわにしていくのである。老人の姿をした若い娘と老婆の姿をした若者の、ババをかぶった「偽」のカップルが、謝肉の木曜日に花やリボンで飾られたマスキラという晴れ着姿に変わり、それと同時に完全に覆いがはがされて、若くて美しい「本物」のカップルが誕生することになる。

4．偽の花嫁、本物の花嫁

　また、民俗学者ニコル・ベルモン（生年不詳）は、レジア村にかぎらず、フランスやヨーロッパ各地において、次のような結婚に関わる民俗儀礼がみられ

ることを指摘している。

　たとえば、フランスのブレス地方では、結婚式前日の夜、次のようなことが行われた。花嫁の家に、花嫁の友人たちが招かれて、花嫁も一緒に全員が仮装する。彼女の友人たちは、いわば「偽の花嫁」の役回りである。そこへ未来の花婿とその友人や兄弟たちが訪ねてくる。しかし、はじめのうち彼らは家の外に閉め出されたままでいる。花婿と友人たちは扉をノックし、子羊を要求する。花嫁たちは「子羊はいない」と答えるが、若者たちは執拗に要求し、家のなかにまで入ってきてしまう。娘たちの部屋をノックし続け、同じように子羊を要求するが、答はいっこうに変わらない。そしてついに、花婿が群れから離れた子羊を見つけられなかった、と大声で告げる者が現れて、仮装した娘たちに列をなして外に出るようにと言う。未来の花婿は、その一人ひとりにダンスを申し込む。ダンスをしながら、その間に花嫁をあてることができなかったら、彼はその晩、居合わせた人びとから嘲笑の的にされてしまうというのである。

　あるいはまた、友人や姉妹と一緒に仮装し、たとえば祖母のベッドの後ろに隠れてしまった花嫁を見つけるため、花婿たちが家にやってくると、彼らの行く手に、「幽霊」あるいは「最初の婚約者」などと呼ばれる人形が投げ出され、それが燃やされることもある。すると、花婿は本物の花嫁を見つけることができるのだという。

　これらの民俗儀礼は、その具体的な内容からみても、カーニバルとの結びつきを強く感じ取ることができる。仮装・仮面によるダンス、若者たちのドンチャン騒ぎ、また人形を燃やすところなど、カーニバルの人形が祭りの最後に燃やされるのに酷似している。それが、結婚の儀礼と重なっているのである。

　ここで重要なのは、本物の花嫁が仮装や仮面などで隠される点であろう。姿がわからなくなった花嫁を花婿が見つけるのである。そして仮装をとった時に、つまりヴェールを取り去った時に、本物の花嫁、本物のカップルが誕生することになるのである。

　ニコル・ベルモンは、このように仮装をして、「偽の花嫁」たちに紛れてしまった「本物の花嫁」探しの風習が、現代の結婚儀礼における花嫁のヴェールの原型であると結論しており、筆者も同様に考えている。

ヨーロッパ世界におけるカーニバルという年中行事と、結婚儀礼の結びつき、そして仮装・仮面と、現代の結婚式における花嫁のヴェール、これらの意外な接点をここに認めることができるだろう。

5．花嫁の顔隠し

　冒頭にあげたペローの『ロバの皮』は実はカーニバル期間の物語であった。ロバの皮を若い女性が身にまとって仮装するのも、花嫁探しをするのも、本物の花嫁が最後に仮装を取り払われて見つかるのも、みなカーニバルのなかで行われることと同じである。[1]このような民間伝承やおとぎ話の世界と結婚儀礼とが結びついて、現代の花嫁衣裳のヴェール・顔隠しが行われているのではないか。

　近世に目を移せば、『ロバの皮』よりもさらに醜いと思われていた「狼」という名の黒い仮面が、ペローと同時代の女性たちの間で日常的に用いられていた。そこでは、カーニバルの祝祭世界にあった仮面が、おしゃれに不可欠な小さな装身具として、女性たちの生活を彩っていた。カーニバルの世界を超えて、女性の日常生活のなかで生き続けていた仮面の文化が形成されていた。

　このように、女性が顔を隠すことで、女性は多面的に魅惑的に、物語性を伴って演出されることがある。

　仮装・仮面・ヴェールはみな同じ意味をもっているといってよいのかもしれない。隠すこと、顔がわからなくなること、その点が重要なのであった。美しいものが何か醜いもので覆い隠されて、見えなくなってしまう。しかし、その覆いの下に、美しい娘、真実の花嫁が隠れていることを、実はだれもが知っている。さなぎであった少女が、おとなの美しい蝶へと変身するための装置として、仮装や仮面、そしてヴェールが用いられた。だからこそ、そこにだれもがひきつけられ、物語が生まれたのだろう。覆いが取り払われた時に現れるのが「本物の花嫁」であり、それが、現代の結婚儀礼における花嫁のヴェールの奥に秘められた歴史のひとつと考えられるのである。

2 ≫ 喪服の色と死生観

1．死者に思いを馳せる夏

　一方、私たちは近親者の人生の最期に接する際には、喪服を身につける。とくに日本の夏は、死者を思う季節でもある。お盆は祖先の霊や新仏の冥福を祈るための大事な年中行事である。地方によって異なるが、種々のお供え物をして、あの世から霊をお迎えし、また丁重にお送りするという風習は、どこの地方においても共通しているだろう。

図7-3　47歳で亡くなった高円宮の葬儀
（日本，2002年11月29日 ©AFP PHOTO）

　喪に服すという行為は、私たちの生きる社会においての、大事なエチケットのひとつである。死者との関係や、死後の経過期間によって、私たちはどのような喪服を着るべきか考える。それは、現代では洋の東西を問わず、喪に際して、何色の服を着るのかという問題に集約されるだろう。

　現代の日本では、喪服の色は、黒あるいは墨色、または薄墨色であるが、喪服の色が白であった時期も、日本の歴史のなかには長らく存在した

図7-4　数百人の被害者を出したダムの地すべり犠牲者の死を悼む人びと（中国，2008年9月12日 ©AFP PHOTO）

（図7-3）。中国や韓国なども白い喪服を着ている（図7-4）。西洋においては、たとえば、近世には、王が喪に服す際、紫を着用することがあった。さらに、中世ヨーロッパにおいては、王の崩御の際は、大法官は鮮やかな緋色を身にまとっているものであった。一般には黒や灰色あるいは白が喪服の色であるのかもしれないが、東西の歴史を眺めてみると、実は喪服の色は、さまざまなヴァリエーションをもって存在してきたのである。

　本節では、ローマ教皇ヨハネ・パウロ2世の葬儀を取り上げ、ヨーロッパのひとつの重要な精神的支柱であるローマ・カトリック教会における喪服のあり方を概観する。喪服の色は、黒だけではなく、白や、場合によっては、赤色もあり得ることを明らかにする。その色の扱い方から、人びとが死をどのように受け止め、死者の魂をどのように慰めようとしているのかが見えてくる。哀悼の表現は、決して、一様のものではないということが理解できよう。

2．ローマ教皇の葬儀

　2005年4月2日に亡くなった、第264代ローマ教皇ヨハネ・パウロ2世（Johannes Paulus Ⅱ）（在位期間1978〜2005年）は、本名をカロル・ユゼフ・ヴォイティワ（Karol Józef Wojtyła）といい、ポーランド生まれの史上初スラブ系教皇であった。享年84歳、死因は敗血性ショックである。

　ローマ・カトリック教会に君臨する教皇の死の際には、独特の儀式が執り行われる。まず、教皇が死去すると、確認のために、カメルレンゴ（教皇侍従）が呼ばれる。カメルレンゴは金槌で教皇の額を3度叩く。叩くたびに、教皇の就任以前の名前を呼ぶ。これで返事がないと、死が確認されたことになり、教皇の証である「漁師の指輪」をはずし、これをつぶし、誤用がないように教皇印がすべて破棄される。そして、教皇の私室をテープと封ろうで封印する。枢機卿会のメンバーが召喚され、教皇の死が公式発表となる。その後、9日間の葬儀のミサが執り行われる。教皇の遺体は木、鉛、大理石の三重の棺に横たえられ、サン・ピエトロ大聖堂内の所定の場所に埋葬される。葬儀の締めくくりは埋葬証明書（ロジット）の作成である。最後に、枢機卿会は教皇選挙（コンクラーヴェ）へ移り、次期教皇が厳かに選出される。

図7-5 サン・ピエトロ寺院にて執り行われた ヨハネ・パウロ2世の葬儀 (バチカン市国, 2005年4月12日 ©AFP PHOTO)

ヨハネ・パウロ2世の葬儀は、2005年4月8日から、サン・ピエトロ大聖堂にて行われた。史上最大規模の葬儀で、世界中で放映された。一般信者だけでも約30万人が参列したという。ヨハネ・パウロ2世自身が生前に行った、他宗教との対話推進活動が評価され、あらゆる宗教・宗派を超えた各国の要人が参列した。世界中の喪服の様子を見ることができたといってもよい。

その壮大な葬儀の様子をAFP通信の報道写真を中心に眺めてみると、非常に華やかなものであり、教皇の死装束をはじめ、赤色がきわめて顕著に用いられているのが印象的である。葬儀に赤色は不似合いのようだが、教皇の亡骸の周囲は、赤色で埋め尽くされた（図7-5）。

3．カトリックの葬儀における「死」の意味と色

キリスト教における「死」の意味は歴史のなかで、さまざまに変容を遂げてきた。古代から中世にかけて、死は神のもとへ凱旋することと見なされたため、死者は勝利者であると考えられていた。したがって、勝利者にふさわしい冠として、生花を使ったといわれている。典礼色も白を用いた。

さらに、キリストの死と復活を信じる復活信仰と、「死」は強く結びつけられた。つまり「死」は悲しいものではなく、希望に満ちたものであり、「死」は来るべき復活に向けての一時的な眠りにすぎないという考え方である。この考え方に基づけば、復活という大きな希望があるため、白い喪服、そして白い死装束が、死に際しての装いとしてふさわしいということになった。また、地方によっては、死後、女性はキリストの花嫁になるために、死装束として婚礼

衣裳を身にまとうことさえあったという。民俗学者アルノルト・ファン・ヘネップはそのような事例を著書のなかでふれているが、実は日本にも花嫁衣裳を喪服として身につける事例は見られた。

では、黒い喪服はどこからはじまるのか。一説によれば、中世後期に「煉獄思想」が誕生し、その影響により、死の恐怖を実感させられる葬儀へと変貌していったといわれる。つまり、煉獄での苦しみを思って、嘆きや悲しみが強調され、「死」を悼むようになった結果、黒い喪服が誕生するのだという説である。

ただし、宗教改革以後、煉獄思想は異教的な過ちであると修正された。葬儀は死者が新しい生を与えられるしるしであるため、再びキリストの復活にあずかり、新しい命を得るための備えと見なすようになっていった。

今日においては、「人間的な悲しみだけでなく、神の前にともに感謝と喜びをもって葬儀をする」[2]（『キリスト教礼拝・礼拝学事典』）という考え方が、キリスト教においては一般的であるようだ。

とくに、現代カトリックの葬儀では、「葬儀は、キリスト信者の死の過越（すぎこし）の性格を明らかに表現し、典礼色も含めて、各地方の状況と伝統に、よりよく適応したものでなければならない」と『典礼憲章』で述べられており、葬儀は復活信仰の表明の場であるのが原則でありながらも、地方の慣習を加味し、実際に多く行われている黒い喪服を容認する形になっていると思われる。

本来、キリスト教の考え方としては、死は復活のための準備であるのだから、希望を感じる白い喪服がふさわしいとしながらも、現状追認の形で、黒い喪服を許容してきているのだろ

図7-6　第一次世界大戦（ソンム川での戦い）における戦没者墓地を訪ねたカミラ夫人の白い喪服。チャールズ皇太子は黒い喪服を着用。（2006年7月1日 ©AFP PHOTO）

う。したがって、喪の色として白と黒が混在しているのが、ヨーロッパを中心とするキリスト教社会の現状なのではないか（図7-6）。

4. 復活の白

　つまり、現代カトリックでは、ある意味、古代の葬儀観、キリストの死と復活になぞらえる考え方に立ち戻ってきているといえる。葬儀の祭具や、文言などを見ても、復活を信じるしるしはそこかしこに見ることができる。

　たとえば、『葬儀——カトリック儀式書』によると、葬儀に用いる祭具には、聖水、十字架、聖書、復活のろうそく、白布などがあるが、聖水は「洗礼によって永遠のいのちを受けたことを記念するものであり」、「十字架、聖書（神のことば）、復活のろうそく、白布（棺を覆う布）はいずれもキリスト者にとって救いのシンボルである」[3]（『葬儀：カトリック儀式書』）とされている。とりわけ、「十字架は［…］永遠の命への道しるべであり、聖書は神のことばによる命の保証が約束されているものである」[4]（同書）と明言され、いずれの祭具もみな、死によって命が終焉するのではなく、必ず復活し、永遠の命を得るのだという希望を感じさせるシンボルになっている。

　祭具によって復活の希望を表すだけでなく、葬儀ミサにおいては次のような文言によっても、それが強調されている。

　　みなさん、主・キリストはわたしたちの救いのために人となり、十字架上で亡くなられた後、復活して栄光をお受けになりました。生涯キリストとともに生き、神のもとに召された○○○さんは、またキリストとともに復活の栄光にあずかることをわたしたちは信じています。これから行われるミサは、キリストの死と復活を記念し、これにあずかるすべての人を復活の命に招くものです。この復活の信仰を新たにしてともに祈りましょう。[5]（同書）

さらに、復活の希望をうたう「ハレルヤ」を会葬者全員で唱える。
　このような儀式を執り行うための祭服の色は、白がもっともふさわしいという。「事情によっては、紫や黒を用いることも可能」とも記されるが、事情というのは、おそらく地域の慣習のことであろう。つまり復活を信じる葬儀の典

礼色は基本的に白であり、死からいのちへの過越を表すシンボルがあちこちに用いられるものとなっているのである。

5．キリスト教における「死」の色

それでは、キリスト教において、死に関わるシンボルを担わされている色は、何色なのか。

ミシェル・フイエの『キリスト教シンボル事典』を参考にまとめてみよう。

まず、黒である。これは、キリスト教においては、色と光の不在であり、原初の闇の色を表す。また恐るべき悪のしるしであり、苦悶をもたらし、死を告げる色でもある。したがって、死の闇を表すために、喪の色としてふさわしいのであろう。たとえば、司祭の着る黒いスータンは現世の虚栄を捨て去り、来世で栄光の服を着るのを待つことを表す、ともいわれている。

一方白も死に関わる色である。白は輝く光の色であり、すでに述べたように、「復活のしるし」である。キリストの死装束は白色であるが、これも復活を暗示しているものだという。つまり、白は「死の闇を打ち破る輝かしい勝利のしるし」なのである。

さらに、ローマ教皇の葬儀に見られるように、赤色も、死にゆかりのある色であった。なぜなら、赤はキリストの血の色であるがゆえに、死の象徴になるためである。赤はキリストの十字架上での死の色であるため、犠牲の色、人間の魂を救うためにみずからを犠牲にしたキリストの愛徳の象徴ともなっている。

このように、キリスト教において、「死」をイメージさせる色は、黒と白と赤の3色である。それぞれの色がもつ「死」のイメージは、微妙に異なるが、ローマ教皇の葬儀では、これら3色が見事に用いられていた。

6．赤色の教皇の葬儀

ローマ教皇の葬儀において、もっとも顕著に見られたのは赤色である。教皇自身の死装束も赤であり、教皇の亡骸を取り囲む枢機卿たちは、皆まばゆいばかりの赤い装束に身を包んでいた。これは何を意味するのか。

ローマ教皇の葬儀を取り仕切るのは、枢機卿たちである。枢機卿は教皇に次

ぐ高位の聖職者たちであり、彼らは「猊下(エミネンス)」と呼ばれるほど、ロー
マ・カトリック教会のなかで崇敬を集める人びとである。実は、赤色、厳密に
いうならば緋色は、枢機卿の色であった。枢機卿は、緋色の長着を身につけ、
緋色のズケット(お椀形の帽子)、赤いビレッタ(法冠)をかぶっている。枢機卿
の紋章には、赤い帽子が描かれ、その両側には15ずつ赤いタッセルが付けられ
ているものになっている。そして、枢機卿に任命されることを「赤い帽子を授
けられる」と表現するように、赤(緋色)は枢機卿の身分そのものを表しても
いる。したがって、教皇の葬儀における赤色は、第一に枢機卿の色であるとい
えよう。

　緋色(仏:pourpre)は、本来、地中海に生息した貝から採取された、鮮紅色
に近い紫色のことを指していた。古代ローマ時代から珍重され続け、「幻の紫」
とか「皇帝紫」と名づけられ、その名の通り、王や皇帝などが身につけた色で
ある。貝紫は中世後期には絶滅するが、長らく権力の象徴と考えられてきた。

　たとえば、王の崩御の際には国中が喪に服すが、中世以来、後継の王子や司
法の長である大法官は赤色を身にまとい続けていた。たとえ、王が死去しても、
王権は永遠に不滅であることを示すためであったといわれている。

　そのように考えることができるのであれば、教皇の赤い死装束、および、そ
の周囲を囲む枢機卿たちの赤い喪服は、教会というひとつの権力が、未来永劫
続くことを意図していると考えることも可能であろう。もしくは先述のように、
キリストの血を暗示して、教皇の死をキリストの死になぞらえているのかもし
れず、あるいは、ローマ教皇自身が身につけている本来の衣服の色が生かされ
ているのかもしれない。

7. 喪服の色は何色なのか？

　喪服にふさわしい色は何色なのか。意外にも、この問は、簡単に答えられる
ものではない。すでに明らかなのは、黒一色ではないということである。

　ローマ・カトリック教会の例でみれば、カトリックの典礼はわかりやすいも
のでなければならないので、葬礼は明確なシンボルに満ちた世界になっている。
キリスト教(カトリック)における「死」は復活信仰と結びついたため、典礼色

は基本的には白であった。しかし、現代は黒も混在しており、それはおそらく、「煉獄思想」の広まりと、その後のヨーロッパにおける喪服の伝統、土地の慣例が重んじられ、受け継がれているためであったと考えられる。

　ローマ教皇の葬儀は赤が顕著であり、そこに、キリストの血の象徴を見ることや、教会権力の存続の願いを読むこと、あるいは教皇自身の色を認めることも可能であろう。一方で、教皇の葬儀で赤色を身につけている、枢機卿自身の葬儀を見ると、その参列者は紫色を基調とした色を身にまとっている。

　しかし、どの色を喪服として身につけるとしても、そこには、「死」をどのように受け止めるのかという、人間の死生観が反映されているのではないか。

　今日では、死に対する人びとの態度、意識が劇的に変化してきているという。たとえば、歴史家フィリップ・アリエスは、現代人は、死を恥ずべきもの、あるいはタブー視するようになってきていると指摘する。死を直視しないようになってきているのか。だとすれば、葬儀自体が簡略化されてきているのも、死を覆い隠そうという意思の現れかもしれない。たとえば、フランスの外交官であったジャン・セールは、『ふらんすエチケット集』のなかで葬儀の簡素化を指摘して、次のように述べた。

　　　だが、いったい、悲しみを見せびらかす必要があるだろうか。盛大な葬儀をすることは、悲しみを人前にさらすことになるのではないだろうか[6]。

　つまり、ここに記されているのは、喪の気持ちを表現することを控えようとする態度であろう。図7-5のような報道写真を見ている限り、近年のヨーロッパの人びとは、喪服をあまり着用していないように思われるのである。

　死をどのようにとらえるかが、喪服の色には反映している。悲しみの気持ちは個人的なものとして胸に秘め、おもてに出さないようにするという、近年の風潮もあるのかもしれないが、一方で、近親者を失った悲痛な思いは、しっかりと表現した方が、精神衛生上好ましいという心理学的な見方もある。喪服を身につけ、明確に悲しみを表現し、それを見ている他者と喪の気持ちを共有する。そうすることによって、死の悲しみを乗り越えることができる。そのようなことも、喪服の重要な機能であるといえるのではないか。

3 ≫ 人生を演出する

　本章では、人生のなかでの大きな節目である、結婚と葬儀における服装の意味を読み解いた。このように、私たちの身につける服飾には、歴史的文化的意味が積み重ねられて存在しているものが少なくない。ここで取り上げたウェディングドレスのヴェールと喪服の色は、ほんの一例にすぎないといっていいだろう。日常生活のなかでは、そのことに気づかずにいることも多いかもしれないが、このような服飾の意味（つまり文化）を知ることによって、普段の何気ない衣生活が深みをもってくるのではないだろうか。イギリスの文豪シェイクスピアは「人生は舞台」という言葉を残した。人生がひとつの舞台であって、私たちはそれぞれ自分の役割を演じて生きているのだとしたら、その人生を華やかに演出してくれる衣裳について、もっと意識を向けてもいいのではないか。ただのモノとしての衣服ではなく、そして、ただ寒暖から身を守ってくれるという物理的な必要性だけではなく、ファッションは私たちの人生を豊かに演出してくれていることを忘れずにいたい。ファッションは、実はボキャブラリーのようなものである。意味のない無味乾燥な衣服を身にまとうのではなく、意味ある衣服の意味を知って身にまとうことによって、本当の意味での自己表現も可能になるのではないだろうか。

追記　本章は、拙著「カーニヴァルの仮装と花嫁の顔隠し」（増田美子編『花嫁はなぜ顔を隠すのか』悠書館、2010年、209-239頁）と、拙著「エチケットとファション：歴史に見るファッション・コミュニケーション　第6回　喪服の色は何色？　黒、白、あるいは赤色？」（『研修紀要』2010年夏号、社団法人日本美容理容教育センター、20-25頁）を基に、加筆修正を施したものである。

■注

▶ 1　お菓子のなかに指輪、あるいは小さい陶器の人形を入れて焼く慣わしは、ヨーロッパ世界において、公現祭の頃（1月6日頃）に今でも行われている。
▶ 2　『キリスト教礼拝・礼拝学事典』p.273
▶ 3　『葬儀：カトリック儀式書』p.13
▶ 4　同書、p.13。
▶ 5　同書、p.144。
▶ 6　『ふらんすエチケット集』p.122

■参考文献

N. Belmont, "Myth and Folklore in Connection with AT403 and 713," *Journal of folklore research*, vol.20, no.2-3, 1983, pp.185-196

イヴォンヌ・ヴェルディエ『女のフィジオロジー：洗濯女・裁縫女・料理女』大野朗子訳，新評論，1985年

日本カトリック典礼委員会編『葬儀：カトリック儀式書』カトリック中央協議会，1993年

日本カトリック典礼委員会編『ローマ・ミサ典礼書の総則（暫定版）』カトリック中央協議会，2004年

ジャン・セール『ふらんすエチケット集』三保元訳，白水社，1962年

ミシェル・フイエ『キリスト教シンボル事典』武藤剛史訳，白水社，2006年

今橋朗・竹内謙太郎・越川弘英監修『キリスト教礼拝・礼拝学事典』日本キリスト教団出版局，2006年

フィリップ・アリエス『死と歴史：西欧中世から現代へ』伊藤晃・成瀬駒男訳，みすず書房，1983年

増田美子『日本喪服史：葬送儀礼と装い　古代篇』源流社，2002年

徳井淑子『色で読む中世ヨーロッパ』講談社，2006年

Arnold van Gennep, *Manuel de folklore français contemporain tome1: 2. mariage, funérailles*, 1980

D. Puccio, *Masques et dévoilements: Jeux du féminin dans les rituels carnavalesques et nuptiaux*, CNRS Éditions, Paris, 2002

コラム　ウェディングドレス

　ウェディングドレスの話をもう少ししておこう。ウェディングドレスが白いものになったのは、よく知られているように19世紀のことである。それまでは自分のもっている一番美しい衣裳を身につければよかったのだが、イギリスにおいて1840年2月のヴィクトリア女王とアルバート公の結婚式の際に、女王が白いウェディングドレスとイギリス国産の白いホニトンレースのヴェールを身に着けたことがきっかけで、この美しい白いドレスが大変評判になり、まずはイギリスの上層階級の人びとに影響を与え、徐々に中産階級の女性たちにまで、影響が及ぶようになったといわれている。その結果、花嫁衣裳として、白いウェディングドレスとレースのヴェールが定着した。

　さらに、本章で述べたヴェールの話は、民間伝承の世界から読み解いた話であるが、白いヴェールの起源については、別の説も存在している。パリ・ガリエラ服飾博物館の学芸員アンヌ・ザゾーによれば、「（女性が）結婚する」という言葉の語源は、「ヴェールで覆われている」の意味をもつラテン語の「ヌーベレ

図　ウェスタル風のヴェール
（文化学園大学図書館所蔵）

nubere」であるという。この動詞の過去分詞から派生した名詞が「結婚した女性、花嫁」を表す「ヌープタ nupta」になり、その結果、現代フランス語の「結婚 noce」という言葉も生まれたのだという。したがって、花嫁はかなり古くから、ヴェールをかぶった女性として存在してきたのであろう。

　また、白いウェディングドレスと白いヴェールの姿の組み合わせは、1810年代、新古典主義のフランスから、ドイツやイギリスへ渡ったようである。つまり古代ギリシャや古代ローマの衣裳を模した、白いモスリンのいわゆるエンパイアスタイルのドレスの流行と関わっている。黒川祐子によれば、その姿は古代ローマの処女神の巫女「ウェスタル」に由来しており、「ウェスタル風のヴェール」として、大変流行した。ウェスタルになぞらえているように、花嫁の白いヴェールには処女の純潔の意味がある。

　そして、花嫁にふさわしい花はオレンジの花である。これもオレンジの花の花弁が白く、果実を結ぶことから、「愛」や「出産」さらには「純潔」の意味を担うことになったのだという。そのことは、1840年パリで出版された『花の幻想』という書物の「オレンジの花」という詩に描かれた。

　このようなウェディングドレスにまつわる種々の物語を知ることによって、結婚式で花嫁衣裳を身につける時、あるいは結婚式を演出する時に、さまざまな思いを込めることができるのではないだろうか。

（内村　理奈）

■参 考 文 献

坂井妙子『ウェディングドレスはなぜ白いのか』勁草書房，1997年
増田美子編『花嫁はなぜ顔を隠すのか』悠書館，2010年

Part 03

ファッション界の可能性

ファッション界は、今、岐路に立たされているのかもしれない。最新流行を伝えるファッション誌の世界にも、流通業界にも、インターネットや、電子書籍やEコマースなど、従来のあり方を根底から覆すかのような状況が生まれている。贅沢産業であったファッション界には、ただのラグジュアリー追求だけでは許されない状況も生まれている。ファッションに欠かせない付加価値の意味も、変容しつつある。これからのファッション界には、どのような変化と可能性があるのか。

Chapter 08

ファッション誌の
過去と現在、未来

富川淳子

> ファッションがファッションとして花開くためには、さらなる要件が必要だった。それは後ろ盾となり、評価を与える伴走者としての言語である。この重要な役目を果たしたのがファッション誌である。ファッションが確固たる現象となったとき、ファッション誌も平行して発展を遂げた。
>
> ——F・モネイロン『ファッションの社会学』——

　この章ではファッション研究の膨大な蓄積に比べると、その量も幅も格段に少ない日本のファッション誌に軸足を置き、ファッション誌研究に欠かせない基礎的知識を整理して説明する。

　さらに人気コンテンツを例にあげ、雑誌メディアの特性および現代社会におけるファッション産業との関係性を考察してみたい。

　近年、女性ファッション誌の発行部数は減少傾向に歯止めがかからず、雑誌自体の影響力が弱まっていることは否めない。もはやファッション文化発展に対するファッション誌の役割は終焉を迎える運命なのか。IT社会が成熟しつつあるなか、ファッション誌のメディアとしての未来も考える。

1 》》 日本におけるファッション誌の概念

1．日本初のファッション誌とファッション誌の定義

　ファッション誌とは何か。学術的にこの問に答えるのは簡単なようで、実はなかなか難しい。その理由はドイツの思想家、ヴァルター・ベンヤミンが「雑誌の真の使命は、その時代の精神を証言することである」と述べているように、雑誌には社会意識を反映する「時代の鏡」という特徴があるからである。視点を変えてみれば、これは移り変わる時代に対応して変化する「生き物」としての特質を備えていることを意味する。つまり、ファッション誌の定義は時代に

よって変わる性格のものといえるのだ。

　その一例として『an・an』をみてみよう。日本のファッション誌として確立した形を示したのは1970年創刊の『an・an』といわれている。その根拠のひとつは、それまでの女性誌と異なり、『an・an』には洋服を作るための型紙がついていなかったことがあげられる。『an・an』は洋服を「作る」ものから「買う」ものに移行する動きと、当時のアパレル産業の発展を見据え、既製服を購入する女性を中心読者に置いた。そのためにファッションを紹介しながらも洋裁に必要な型紙を誌面につけなかったのである。しかし、現在のように洋服を買うことが普通となっている時代、「ファッション誌」とする条件として型紙がついているか、ついていないかを重視することには違和感がある。

　さらに創刊50年以上が過ぎた現在の『an・an』は週刊誌であり、ファッションを特集テーマにすることは少ない。実際、2024年1月末から10号の特集を並べてみるとファッションを特集した号はなく、恋愛や健康に関する特集テーマが並ぶ。この例こそ、ファッション誌を定義する難しさを示すものであろう。

　以上、ファッション誌の概念が明確化されにくい理由を説明をしてきたが、日常的にはファッション誌は身近にあり、頻繁に使われる名称である。それを受け、ここ数年、メディアやファッション研究者たちの間でも「現在の」という条件付きでファッション誌の概念整理が行われるようになってきた。

　たとえば、2011年に出版された『ストリートファッション論』では、ファッション誌とは「最新のファッション・トレンドの紹介を中心として、それにブランドやアイテム、小物・アクセサリー、コーディネート、ヘアメイク、雑貨やインテリアなどのライフスタイルの提案、モデルや芸能人の情報、映画、音楽、アート、エッセイなどのカルチャー紹介、キャリアアップ、恋愛などのライフプラン提案、グルメ、旅行、ショッピング情報など網羅し、それらをターゲットに合わせて編集した媒体のこと」と定義している。

　次ページの表は日本雑誌協会に所属する出版社83社の雑誌の「女性誌のジャンル・カテゴリ区分」[1]である。表8-1は、「女性ヤング誌」、表8-2は「女性ヤングアダルト誌」のカテゴリーに入る雑誌である。

　『ストリートファッション論』の定義に従えば、アンダーラインを引いた雑

誌がファッション誌となる。さらにこのファッション誌という枠のなかには「モード誌」、「ストリート系ファッション誌」と呼ばれる雑誌も含まれる。

　ではモード誌とファッション誌の違いはどこにあるのか。ストリート系ファッション誌とファッション誌の関係とはいかなるものなのか。それぞれの概念も研究者の間でも確立していないと思われるので、次の項で整理し、説明する。

表8-1　女性ヤング誌

CanCam	小学館
JUNON	主婦と生活社
mina	主婦の友社
non·no	集英社
S Cawaii！	主婦の友社
ViVi	講談社

表8-2　女性ヤングアダルト誌

&Preminum	マガジンハウス
25ans	ハースト婦人画報社
an·an	マガジンハウス
ar	主婦と生活社
BAILA	集英社
CLASSY.	光文社
CREA	文藝春秋
◎ ELLE JAPON	ハースト婦人画報社
FUDGE	三栄
GINZA	マガジンハウス
GISELe	主婦の友社
Hanako	マガジンハウス
◎ Harper's BAZAAR	ハースト婦人画報社
LEE	集英社
◎ madame FIGARO japon	CCC メディアハウス
Oggi	小学館
SPUR	集英社
VERY	光文社
◎ VOGUE JAPAN	コンデナスト・ジャパン
装苑	文化出版局
◎ Numero TOKYO	扶桑社

（出典：日本雑誌協会「雑誌ジャンル・カテゴリ区分」2024）

2．ファッション誌とモード誌の違い

　そもそもモードとファッションの違いは何か。服飾研究者の著書であっても、書名は「モード」となっているのに、目次や本文では「ファッション」と記述されるなど、2つの言葉の違いも使い分け方もあいまいなことが多い。ただし、ファッションという大きな枠のなかにモードという小さなグループが含まれているという解釈は定着していると思われる。

　それでは、モードというグループに入るファッションとはいかなるものなのか。たとえばユニクロやH&Mをファストファッションブランドと表現することはあっても、ファストモードブランドという呼び方はしないだろう。このようにユニクロやH&Mはモードブランドのなかには入らない。なぜならモードブランドとは「NY、ロンドン、ミラノ、パリのオートクチュールおよびプレタポルテのコレクションに参加するブランドをモードブランドとする」と定義するのが現在の主流だからである。

　以上のことから、本書では日本におけるモード誌とは「ファッション誌のなかの1ジャンルであり、その誌面で紹介するファッション情報の中心がモードブランドであるファッション誌」と定義できる。これに従えば、表8-2で◎をつけた『ELLE JAPON』や『VOGUE JAPAN』のような海外提携誌のほか、『GINZA』や『SPUR』などがモード誌と呼ばれるファッション誌となる。ちなみにアメリカでは、日本におけるモード誌が「ファッション誌」であり、モード誌以外の日本のファッション誌は「ライフスタイル誌」のグループに入る雑誌とされている。

3．ストリート系ファッション誌の「ストリート」の意味

　表8-1の『mina』や表8-2の『FUDGE』などは「ストリート系ファッション誌」と呼ばれることがある。「ストリート系ファッション誌」とは、誌面で紹介するファッションが基本的には「カジュアル」であり、さらにそれは「ストリート系カジュアル」というテイストのファッションの場合である。ちなみに『non-no』のカジュアルは「スイートカジュアル」、『CanCam』は「キレイめカジュアル」などと形容されるファッションを紹介しているファッション誌で

ある。

　ただ、「ストリート系カジュアル」のファッション誌は『non・no』や『CanCam』に比べると、街頭でスナップした読者のファッションを紹介する「おしゃれスナップ」企画で特集を組むことが多いファッション誌である。そのために、現在は休刊となっているが、タウン情報と読者のスナップ写真を中心に構成される「ストリートマガジン」や「スナップ専門誌」と混同されがちである。しかし、明らかに異なるタイプの雑誌である。

2 ≫ ファッション誌の特性と個性

1. 雑誌のターゲットとコンセプトの特徴

　コンセプトとは商品の個性や特徴となるものであり、ターゲットとはその商品を求め、購入する層をさす。世のなかのすべての商品やサービスはターゲットとコンセプトをもって送り出されている。

　たとえば、就職活動向きと銘打って靴売り場に並ぶ黒のパンプスのターゲットは、就職活動のための靴が必要な大学生である。より詳しく説明すると、黒のスーツに合うシンプルなデザインでヒールは5センチ程度、5000円前後の価格のパンプスを求めている大学生をターゲットとしている。このパンプスは長い時間歩いていても疲れず、雨にぬれても型くずれしないことをコンセプトとして開発されているはずである。当然、美脚に見える、手入れが楽という要素も商品特徴には含まれているが、靴メーカーが一番強調すべき魅力は長く履いていても快適で、きちんとした印象を与えるパンプスということだろう。

　しかし現代社会において、競合がない商品はほとんどない。ターゲットは大学生、コンセプトは就活にぴったりのパンプスというアピールだけではほかのメーカーの就活用パンプスと差別化できず、類似商品のなかで埋もれてしまうことになる。商品の作り手である靴メーカーは、ターゲット層がこの商品を選ぶ理由となる明確で強いコンセプトを考案する必要があるのだ。その上で、商品のコンセプトをどのようにターゲットに伝えるのか、どこで売るのか、どうやって売るのかなどターゲットに届ける方法も考えていかなければならない。

それでは、本題のファッション誌のターゲットとコンセプトについて考えてみよう。ファッション誌はメディアのなかでも、定めるターゲットとコンセプトが細分化されているという特徴がある。しかも近年はますますその細分化がすすむ傾向が目立つ。というのも範囲が限られたターゲット層に対して雑誌の数が増えたからである。その状況を受け、コンセプトとターゲットを細分化せざるをえなかったのである。また、逆の視点からみれば、読者の好みの多様化に対応した結果、ファッション誌の数が増えたともいえるだろう。いずれの理由にしろ、その背景には好みの多様化が大きく影響している。

　今や好きなものや価値観は十人十色、一人十色ともいわれる時代である。ましてファッションの場合、「スイートカジュアル」「キレイめカジュアル」というように、大学生を対象としたカジュアルといってもその雰囲気やコーディネートへのこだわり、特徴的なアイテムなどは実にさまざまである。

　百貨店を思い浮かべてみれば、カジュアルといっても、とてもひとつやふたつの傾向にまとめられるものではないことは納得できるだろう。化粧品売り場は1階の1フロアだけ、食料品売り場も地階だけという百貨店は多い。しかし洋服は2階から始まり、何フロアも使って売り場が展開されている。年代、体型のほか、ジーンズからワンピースに至る数多くのアイテムが好みのテイストに応じて選べるようにしているのである。そのために百貨店が揃えるブランドやメーカーのショップ数はまさに“百貨”となるのである。

　このようにデザインやアイテムだけでなく、テイストのヴァリエーションが豊富なファッションを紹介する場合、ファッション誌自体のターゲットとコンセプトが細分化されていなければ、読者は自分の好きな雑誌を選び出すことが難しくなる。つまりファッション誌は情報を求める人に対し、彼らのニーズに合った必要な情報を送り届けることができないメディアになってしまうのである。

　「女性誌ジャンル・カテゴリ区分」において、10代後半から20代前半までを対象にした女性ヤング誌（表8-1）というジャンルには6誌がリストアップされている。このなかでカジュアルファッションをメインに紹介するファッション誌は5誌ある。『non-no』『ViVi』『CanCam』は女性ヤング誌のジャンルに含

まれているカジュアルファッションを紹介する雑誌であり、3誌ともターゲットとする中心年齢層はほぼ重なり、10代後半から20代中盤である。しかしそれぞれの雑誌がファッションページで紹介するカジュアルファッションは、明らかに違うテイストである。『non-no』は専属モデルに似合う「スイートカジュアル」が好きな女子をターゲットとし、『CanCam』は「キレイめカジュアル」「上品カジュアル」を目指す女子をターゲットとする。一方、『ViVi』はいわゆる「セクシー」で「ガーリー」なカジュアルを志向する女子を読者層としているからである。したがって彼女たちは自分の好むファッションによって選ぶ雑誌は異なる。

　以上のことからも明らかなようにファッションページの企画や紹介するファッションは、すべてファッションの好みを軸としたターゲットとコンセプトに合わせて考えられ、構成される。その結果、ファッション誌は情報を求める人に対し、その人たちが欲しい情報をきちんと届けることができるという、いわゆる「アプローチ力」の強さをもつことになるのである。アプローチ力の強いメディアはターゲット・メディアと呼ばれるが、ターゲット・メディアのなかでも No.1のパワーを誇るのは、ファッション誌といえるだろう。

　この章の最初にF・モネイロンの著書の一部分を引用し、ファッション誌なくしてファッションの発展はなかったことを述べた。ファッション誌がファッション情報を伝えることに対して大きな貢献を果たすことができたのは、ひとつにはファッション誌が読者のニーズに応じた情報をきちんと届けられる「アプローチ力」の強さをもつターゲット・メディアだからである。さらにこの特性に加え、イラストや写真などヴィジュアルでファッションを見せるというその要素が重なり合ったことにより、ファッション誌はファッションの発展の担い手となったのである。

3 ≫ 雑誌は時代の鏡：ファッション特集企画と社会の関係

1．半歩先を歩んできた日本の女性誌

雑誌は「時代の鏡」である。大正時代の婦人誌がこぞって生活実用情報に力

を入れたのは、第一次世界大戦を機にすすんだ日本の産業の近代化によって増えたニューファミリーのニーズを敏感に掴み、それに応えたからである。また洋装化が日本女性に普及した第二次世界大戦後には、洋服を作るための型紙つきのスタイルブックが続々と創刊され、いずれも部数を伸ばした。型紙がつかないファッション誌が誕生したのも、既製服の普及のほか、制服のない短大や４年制大学に進学する女子学生の増加という背景があったことも見逃せない。このように雑誌は無意識のうちにも産業の発達や戦争など社会の動きを敏感に感じ取り、さらに読者の「半歩先」にあるニーズを探りながら特集を組んできた歴史がある。

　当然、今やSNSの定番企画となっているが、もともとはファッション誌から生まれた「おしゃれスナップ」も日本の洋装化の普及とヤングファッションの誕生と進歩、さらにアパレル産業の成長や街の発展など社会の動きを敏感に掴み取りながら、考案された企画の典型といえるのである。

２．100年以上の歴史を誇るおしゃれスナップ

　ファッション誌における「おしゃれスナップ」の歴史は古い。カメラが誕生し、写真と印刷技術の発達によってファッション誌に写真を掲載する試みはアメリカを中心に1880年前後から始められていた。

　この当時から本格的なファッション写真時代が始まる1920年前後まで、アメリカのファッション誌を飾った数少ない写真のなかに、パリで撮影された「おしゃれスナップ」を見つけることができる。当時、すでにファッションの都というブランドを確立していたパリにおいて、上流階級の社交場であった競馬場などに集まる女性が着こなすオートクチュールのドレスは最先端のスタイルだった。型紙のメールオーダーの案内がついたアメリカのファッション誌『Harper's BAZAAR』や1909年に富裕層向けのファッション誌にリニューアルした『VOGUE』の読者にとって、彼女たちのスナップ写真はファッションの流行を知ることができる貴重な情報源としてアメリカで人気を集めていたという。

　日本では1950年代初頭の『装苑』に街頭で女性たちをスナップした写真で構成したページがある。ただし１冊のなかでこのスナップページは２ページ程度

だ。「この着こなし方はおかしい」「似合っているけれどここが惜しい」など写真に添えられたファッション関係者のコメントからも明らかなように、今でいう「ファッションチェック」的な意味合いが強いページである。

　また、企業で働き始めた独身女性をターゲットに教養や芸能、洋裁などの情報紹介を中心とした週刊誌『女性自身』は、1958年創刊当初から街頭で女性をスナップしてその写真を掲載するページを作った。1970年創刊の『an・an』の13号目にも一般女性を街で撮影した写真を紹介したページがあるが、いずれも撮影は「隠し撮り」である。写真に添えられたコメントは「雑誌に登場しても不快感を与えないまずまずの着こなし」というような内容であり、読者にとってもセンスを磨くためというより、センスの底上げを目指す目的で作られたページと思われる。したがって本人の承諾を得て撮影するなどという手順はとてもふみにくかったに違いない。

　このような状況に風穴をあけたのが1975年に創刊された『JJ』である。週刊誌『女性自身』の別冊として生まれた『JJ』はニュートラというファッションスタイルの提案を全面に打ち出し、創刊号の巻頭ページは東京、横浜、大阪で撮影したニュートラスタイルのおしゃれな女性たちのスナップ写真で構成されている。『JJ』は創刊号だけでなく、それ以後もニュートラスタイルの女性読者が多数登場する誌面を毎号必ず作ることを特徴として、70年代のニュートラを愛好する女性たちのバイブルになったのである。

　この『JJ』をはじめとし、読者がおしゃれのお手本として誌面に登場するページも少しずつ増え始めた70年代後半だったが、80年代に入るまでおしゃれスナップが現在のような特集のメイン企画になることはなかった。

3. 80年代、おしゃれスナップ企画が定着する

　おしゃれな着こなしの人が増え、さらに彼女たちが集まるエリアがなければ、おしゃれスナップ企画は実現できない。はたして、どのような理由で、この企画が10ページも20ページも誌面を使う特集となり、多くのファッション誌に広がっていったのだろうか。

　1981年7月5日号の『non-no』は「総力特集　日本5大都市ファッションル

ポ　あなたの街5000人おしゃれ白書」というおしゃれスナップをメインとする特集を組んだ。スナップ撮影に出かけた都市は東京のほか、大阪、神戸、札幌、福岡。その翌年の1982年7月5日号は「初夏おしゃれドキュメント」という特集で、東京、大阪、神戸、札幌、福岡に加え、金沢や名古屋など10都市で読者のおしゃれスナップを再び特集する。それ以後、『non-no』の7月5日号は毎年おしゃれスナップ企画が特集になっている。

　一方『an・an』がおしゃれスナップをはじめて特集したのは1983年11月25日号である。この特集タイトルは「全国縦断おしゃれスナップ大特集　私の街のおしゃれ感覚、ぜったいどこにも負けません」。札幌・仙台・東京・横浜・名古屋・金沢・京都・大阪・神戸・広島・福岡と11都市で読者のスナップ撮影を実施した。さらに撮影した写真を一堂に集め、デザイナーとヘアメイクアップアーチスト、『an・an』のファッションディレクターの3人による選考会も開催し、グランプリやベストアイデア賞など選出して賞品も用意する読者のおしゃれコンテスト的な要素ももった企画としたのである。ちなみにグランプリの賞品は『an・an』の定価が330円の時代、当時貴重だった15万円弱のビデオカセッター（ビデオデッキ）が用意され、話題を集めたという。この号以後、『an・an』も『non-no』同様、定期的に全国の主要都市で読者を撮影するおしゃれグランプリ企画やおしゃれスナップを特集するようになる。

　『JJ』では1975年の創刊以来、東京なら自由が丘、横浜なら元町というように限定された狭いエリアに集まるニュートラスタイルの読者を誌面で紹介する手法を雑誌のひとつの個性にしていた。それに対し、『non-no』も『an・an』も70年代には、読者を誌面に登場させるページをメイン特集にはしなかった。にもかかわらず、80年代に入ってから、定期的におしゃれスナップを特集するようになった第一の理由は、東京に限らず、全国主要都市のある特定エリアに誌面で紹介したいおしゃれな着こなしの10代、20代の女性が増えたからである。さらに洋服の着こなしはセンスだけでなく、体型との関係も大きい。80年代あたりから、バランスのいいスタイルの女性が増えたことも、この企画促進につながった。

　文部科学省が1948年から集計している『学校保健統計調査』によれば、1965

年では17歳の女性の平均身長は154.8センチ、座高は85.1センチであった。1975年は156.3センチ、85.1センチとなった。おしゃれスナップが始まる直前の1980年には身長157.0センチ、座高85.0センチとなっている。ちなみに2013年は158.0センチ、85.9センチである。つまり1965年から15年間で身長は2.2センチ伸びているのに対し、座高は0.1センチ低くなっている。1980年と2013年の平均身長の差はわずか1センチである。その差を考えると、15年間で身長が2.2センチも伸びたこの間のスタイルの変化は、洋服の着こなし方にも影響を与えたはずであろう。

4．おしゃれスナップ企画が特集になった社会背景

80年代に入ってから定期的に特集が組まれるようになった「おしゃれスナップ」誕生の一番の要因である "全国的に着こなし手本となるようなセンスの女性が増えた" 背景には、ファッション界の発展がある。1934年に渋谷で開業した「東横百貨店」が1967年に「東急百貨店」と改称し、その翌年の1968年には「渋谷西武」がオープンした。そしてこれと前後して、高度経済成長期の勢いに乗って全国の主要都市に百貨店やファッションビルが次々と誕生したのである。

西武は1969年の大宮店に続き、1970年には静岡に出店する。パルコはすでに1969年に池袋に誕生していたが、1973年には渋谷パルコが開業した。1971年に大阪心斎橋、1975年には札幌と、パルコは主要都市にファッションビルが生まれる起爆剤となった。このように70年代後半には既製服が浸透し、ファッションビルが東京だけでなく地方都市にも生まれ始め、80年代が始まる直前には地方でもおしゃれな既製服が手に入る環境が整ったのである。

ほぼ同時期に原宿がファッションの街としてのブランドを確立する。1978年には若者向けのファッションビルとしてラフォーレ原宿がオープンした。すでに1976年に誕生していたビームスを起点に、原宿にはセレクトショップやマンションメーカーと呼ばれる小さなファッション・ブランドが集まり始めていた時期である。そのマンションメーカーのなかからやがて全国展開するDCブランド（Designer's and Character's brand）が80年代初頭には続々と誕生し、原宿も

DCブランドも目覚ましい成長が始まるのである。

　DCブランドは1983年には「ヒット商品」として、新聞の経済欄で記事になるほどの存在になる。そしてその業績拡大はファッションビルの全国的な広がりや街の発展、および日本人のファッションのセンス向上、さらにファッションの多様化の促進に大きな役割を果たしたのである。

　1979年には『現代用語の基礎知識』に、いつも決まり切った方法でしか行動できないことを冷笑する若者言葉として「ワンパターン」という言葉が紹介された。それを裏づけるかのように、1977年『MORE』、1980年『25ans』、1981年『CanCam』、1982年『Olive』『marie claire』『ELLE JAPON』、1983年『ViVi』などファッションの多様化を背景に、ファッション誌が次々生まれる。この当時、『an・an』の1号あたりの発行部数は65万部、『non-no』は約51万部を誇っていた。『an・an』に関していえば、2023年の部数と較べると4倍以上の記録である。インターネットもない時代であった。したがって、ファッション誌の影響力も大きく、ファッションの情報はファッション誌を頼るしかないという、ファッション誌がおしゃれのバイブルの時代でもあったのである。

　70年代まではスナップしたくてもおしゃれな人を街で見つけるのが難しかった。インターネットもない時代、ファッション情報は数少ない雑誌に頼るしかなく、さらに既製服の種類も限られていた。しかも地方にはファッションビルも少なく、東京と同じ商品が手に入らない時代においては、ファッションを着こなすセンスの地方格差も大きかった。まして『non-no』も『an・an』も全国誌である。販売エリアを考慮すると、全国津々浦々とまではいかなくても地方主要都市でのスナップは実施したい事情もあった。したがって、既製服の普及環境やファッションセンスの地方格差が目立つ状況では、おしゃれスナップ企画は成立しなかったのである。

　かくして地方主要都市でおしゃれスナップが実施できる社会的環境が揃った80年代、『non-no』も『an・an』もおしゃれな読者を求めて、全国へカメラマンとともに飛び出したのである。

5. 「編集部の事情」という雑誌研究のもうひとつの視点

「時代の鏡」である雑誌の内容研究において、その内容と社会の動きと関係を分析する手法はメインになって当然ではあるが、その分析の際に見逃しがちな視点がある。それは「編集部の事情」である。

企画が実現する条件が整ったこの時期、『an・an』がおしゃれスナップを実施することになった要因には編集部の事情もあった。その事情とは以下の２点である。

a）競合に対し、他誌との差別化のための企画、部数拡大が狙える企画が必要になった。

b）ファッション撮影ができない時期を埋める特集を探していた。

まずは他誌との差別化のための企画が必要になったということから説明する。1970年『an・an』の創刊以後、類似誌が何誌も生まれた。ただ、そのなかで80年代まで生き延びた雑誌は『non-no』と『JJ』『MORE』など数誌であった。しかもこの３誌に関していえば、『an・an』とはファッションのテイストや特集に違いが明確にあり、読者の棲み分けが自然に行われていたといえる。したがって競合を意識して、対抗する企画を打つ必要もなかったのである。

しかしファッション界の成長と多様化傾向を背景に、80年代には『25ans』『CanCam』『ViVi』など、『an・an』や『non-no』の読者と同世代をターゲットとするファッション誌が次々生まれてくる。競合誌出現による読者離れ、売り上げ部数減を食い止めるために、他誌とは違う企画、読者離れを防ぐ魅力的な企画を打ち出していく必要に迫られたのである。

読者離れを防ぐ企画としておしゃれスナップ企画は効果的である。読者は自分が登場している雑誌となれば、その号は必ず購入するだろう。また、それを機に登場した雑誌に愛着がわき、継続して購入するようになることも期待できる。つまり、おしゃれスナップ企画は部数アップが狙えるのである。

２つ目の事情としてあげた、ファッション撮影ができない時期を埋める特集を探していたのは、『an・an』が1981年から週刊誌になったことも大きい。しかも『an・an』は毎号、巻頭に特集を組んで紹介する特集主義スタイルをとった。毎週の特集企画をどうするか。これは悩ましい問題であった。

ファッション誌の企画には当然ながらファッション界の事情がさまざまに絡む。たとえば、12月中旬に発売される号で「冬のコート特集」は成り立たない。なぜならショップにとって12月中旬は年末セールの時期と重なるからである。売り場に商品がない、雑誌に掲載された値段と店頭に並ぶ商品の値段が異なるなどの問題が起こるため、セール時期と発売が重なる号に対してファッションブランドは撮影用の洋服の貸し出しをしないのである。

　DCブランドが急成長を続けるこの時期、新作の商品が店頭に並ぶのが徐々に早くなると同時に、セール時期もどんどん早まっていった。セールと重なる時期に発売となる号の『an・an』は「ファッション界の求人広告」や「ファッションビルのバーゲン情報」などの企画に挑戦したこともあった。しかし情報量が不十分な上、情報整理に手間もかかる。いずれも定期的に行うのは難しい企画であった。ちなみに『non-no』が1981年から毎年7月5日発売号をおしゃれスナップの特集にしたのは、夏のセール時期と発売号が重なることが大きな要因と思われる。

　また、新作の製作時期や展示会開催などの事情により、撮影用の洋服がファッションブランドのプレスルームに揃わない期間が5月頃と11月頃にある。この"洋服がない時期"は、特集企画が決まってから書店に雑誌が並ぶまで編集期間が2ヵ月間以上必要な雑誌を悩ませる。たとえば秋の流行を紹介したい8月中旬から8月末に発売する号の編集作業は8月の印刷所のお盆休みなどを加味し、5月末から撮影準備にとりかかる必要がある。しかし5月末のプレスルームには撮影用に貸し出しができる秋の服は十分に揃っていないことも多い。このような状況のなか、8月中旬に発売する号でファッションを紹介する特集を企画するのは無理があり、結局は新作のファッションを紹介する企画以外の特集を組むことになるのである。

　"Fashion Weekly"というサブタイトルがついていた週刊誌『an・an』は月4回の特集のために、セールや撮影用の洋服がないという事情の影響を受けず、読者の心を掴む独自性のある企画を模索していた。そのような時、すでに『non-no』ではじめていた全国都市でのおしゃれスナップ企画に注目したのである。そして、『non-no』との差別化を図り、企画の独自性を出すために『an・an』

は地方対抗やグランプリを決めるというコンテストスタイルのおしゃれスナップ企画を打ち出したのだった。

　実はこの「おしゃれスナップ」はプロのモデルによるファッション撮影より、製作コストが少なくてすむ。おしゃれスナップ企画が始まった当初は、出版界も右肩上がりの好景気で、企画立案において経費節減は考慮する必要のない時代ではあった。しかし、出口の見えない雑誌不況から抜け出せない現在は、おしゃれスナップ企画が頻繁に組まれる理由として製作コストが低く抑えられる点は大きな魅力である。この経済性は編集部がおしゃれスナップを企画する上で見逃せない要因となっている。

6．定番企画になる条件が揃っているおしゃれスナップ

　おしゃれスナップ特集が本格的に始まった80年代初頭は、一般読者が雑誌に登場することへの抵抗感や制限も多く、時に雑誌への写真掲載をめぐって学校や職場で問題になるような時代だった。しかし価値観や規則は時代の動きとともに変化し、街でプロのカメラマンに撮影されたり、自分の写真が雑誌に掲載されることに対する拒絶反応は徐々に過去のものとなった。

　プロのモデル顔負けのスタイルの女性やユニークで斬新な発想の着こなしセンスをもつおしゃれ人間たちの増加も追い風になった。さらに原宿や渋谷を代表とするヤングファッション集積エリアの誕生と発展という時代のうねりも味方になる。そして、おしゃれスナップは『non-no』のメイン特集として巻頭をはじめて飾って以来、30年以上たった現在もファッション誌の人気定番企画としてのポジションを守っているのである。

　そもそも、おしゃれスナップは長寿企画となる条件が揃っている企画といえる。その条件とは、おしゃれスナップの企画が継続して実現できる環境が整っているだけではない。作り手である編集部が抱える問題点を解決し、その結果、読者にとっても有益な情報になるというほかの企画には代えがたい魅力があるからである。『an・an』の場合を例にあげれば、その魅力とは①ファッションリーダーとモデルの発掘、②雑誌イメージの明確化、③リアルクローズの着こなしの提案の3点である。

まず、ひとつ目のファッションリーダーとモデルの発掘について説明する。1970年創刊当時から『an・an』はファッションの着こなしのアドバイスという役割だけでなく、いろいろなテーマで読者に情報を提供するオピニオンリーダーとして、モデルやデザイナーをクローズアップする手法を雑誌の個性にしていた。モデルに続き、デザイナーの次にはスタイリストを「アンアン有名人」として誌面にたびたび登場させ、その次には DC ブランドのプレスに脚光をあてた。さらにその次にはショップスタッフを「ハウスマヌカン」という名称をつけて花形職業とし、誌面上でファッションから恋愛まで読者にアドバイスするオピニオン＆ファッションリーダーとしたのである。

　このように『an・an』は他誌に先駆け、ファッション界で仕事する人をファッションリーダーとして誌面に登場させていた。そして、彼女たちをデザイナーからショップスタッフへと、読者との距離が近い職業にしていき、読者にとってのファッションリーダーをより身近な存在にしていったのである。この目的は雑誌の情報を読者にとってよりリアルなものにすること、そして『an・an』という雑誌に対して親近感を抱いてもらうためだった。ちなみに1983年7月15日号の『an・an』の特集は「いまいちばん興奮的職業の「ハウスマヌカン」になる」。その4ヵ月後に全国おしゃれスナップ特集を組んでいる。

　おしゃれな読者をスナップして紹介する。さらにグランプリというコンテストを実施し、ある読者に脚光をあて、やがて彼女が『an・an』のオピニオンリーダーとして誌面に登場する、あるいはファッションブランドのプレスになって活躍し、誌面でコメントするという構図ができあがる。これは編集部にとって身近な人を有名人に仕立てるのに役立つ、いたって"実用的な手法"だったのである。

　また、どこの雑誌も常に雑誌の個性を表現してくれる、その雑誌ならではのモデルを探していた。おしゃれスナップはまさに新人モデル発掘の場でもある。『an・an』で賞に輝いた読者が、読者モデルを経てプロのモデルとして活躍する。さらにはモデルクラブが「おしゃれスナップ」に登場する読者に注目するなど、モデル発掘の場として、大いに活用されたのである。

　『an・an』にスナップされたら有名人になれるかもという期待と評判は、販

売部数増に対して効果を発揮した。さらに部数拡大に貢献したのは2つ目の魅力としてあげた、おしゃれスナップによる雑誌イメージの明確化である。登場する読者は雑誌が提案するファッションのテイストだけでなく、想定する読者の年齢や職業などに合わせて選ぶことになる。『an・an』のおしゃれスナップにキャビンアテンダントや商社勤務のコンサバなファッションの読者は登場しない。おしゃれスナップ企画誕生の当初は、ヘアサロン勤務や専門学校に通う学生たち、そしてコム デ ギャルソンやニコルなどの DC ブランドの黒の洋服をコーディネートに取り入れた女性たちが『an・an』誌面を飾った。

　当然、彼女たちのファッションや肩書は『an・an』の読者層の典型であり、雑誌イメージを読者に明確に伝えるはたらきをする。したがって、読者は「自分に合った雑誌」かどうか、このページを通じて的確に判断することができ、「自分に合った雑誌」となれば、『an・an』のファンになっていくのである。部数拡大という目的ももってスタートしたこの企画は、自分が誌面に登場しているから購入するという効果も大きいが、この雑誌イメージの明確化も部数拡大の効果としては見逃せない要件なのである。

　ところで読者にとってこの特集のいちばんの魅力とは何か。それはリアルクローズの着こなしの参考になるという点であろう。リアルクローズとは価格もコーディネートも現実的で日常的なファッションという意味である。ファッション誌のコンセプトに合ったテイストで、読者と等身大の女性たちのセンスがフルに発揮された自由なリアルクローズのコーディネートは読者にとって、実際に"すぐに使える"アイデア満載のファッション情報に違いない。

　それでは作り手にとって読者の着こなしを紹介するメリットとは何か。編集部から発信するファッションページの場合、たとえば、ユニクロとグッチを組み合わせるというようなモードブランドと他ブランドを合わせるミックスコーディネートの提案はできない。というのもモードブランドは自社のブランドイメージを守るために、自社ブランドだけのコーディネート、いわゆる1ブランドコーディネートを撮影用の商品を貸し出す時の条件にしているケースが多いからである。だがジャケットもTシャツも靴もバッグもすべて同じブランドで統一というスタイルは現実とかけ離れているし、そのような提案は読者にとっ

て魅力的な情報とはいえないだろう。したがって読者の提案という形で編集部から提案できないミックスブランドの着こなしを発信できるという点において、おしゃれスナップは魅力的なファッション着こなし提案のページなのである。

　90年代以降からはおしゃれスナップの誌面に登場した読者の着こなしが新しい流行になる現象も生まれている。ただし、これをもって流行はストリートから生まれる、もはや雑誌から流行は生まれないと判断するのは早計である。この章の最初に「ファッションがファッションとして花開くために重要な役目を果たしたのがファッション誌である」というF・モネイロンの言葉を紹介した。つまりファッション誌のおしゃれスナップ企画がなければ、一般女性たちの自由でユニークな着こなしはどこにも発信されず、その仲間内だけでの話題で終わってしまう。ファッション誌というメディアが注目し、情報を発信することによって、街のおしゃれな着こなしは新しい流行という情報になっていくのである。

4 ≫ 電子雑誌の可能性とファッション誌の未来

1. 電子書籍元年のその後

　アメリカは2007年11月の電子書籍末端 Kindle 発売を契機に電子書籍の市場が拡大した。2007年は米国全体で約62億円だった電子書籍市場規模（出版社の出荷高）は2012年には前年比44％増を記録。米国の書籍全体の約20％にあたる約3000億円という市場規模になる急成長を続けた。しかし、2022年9月の調査において、電子書籍はオーディオブックを含めても雑誌市場のわずか17.6％にすぎないという状況である。

　一方、『電子書籍ビジネス調査報告書』によれば「電子書籍元年」と謳われた日本の2010年度の国内電子書籍市場規模は650億円である。前年の2009年の574億円から13％増となったものの、2011年は629億円にとどまり、伸び率がマイナスに転じた。というのも日本における電子書籍市場が464億円になった2008年の時点で、全体の87％にあたる402億円の売り上げを占めていたのはBL（ボーイズラブ）などのコミックが中心のケータイ向けコンテンツであった。こ

の従来型のケータイからスマートフォンに乗り換えた多数のユーザーの影響を受け、ケータイ向けのコミック市場が92億円も減少したためである。スマートフォンやタブレット末端などの新型プラットホーム向けの電子書籍市場は前年より112億円も増加したが、ケータイ向けコンテンツ市場の減少に追いつかなかったことが原因の伸び率減少だった。

　しかし電子書籍元年から10年以上たった2022年度の電子書籍市場規模は6062億円と推計され、2010年度から9倍以上の伸びとなった。2022年度の市場規模のうち、コミックが市場シェア86.3％の5199億円を占め、文字もの（文芸・実用書・写真集など）は601億円でシェアは10.0％。雑誌は226億円で市場シェアは3.8％と昨年より27億円減、シェアも－0.8％となっている。

　出版物販売額を発表している『出版月報』（2023年1月）は、出版界全体における電子書籍の占有率は2018年には16％、2022年には30％を超えたと報じる。今後も電子出版物は拡大を続け、2027年までに市場規模は8000億円程度になると予測されている。

２．紙の雑誌にはない電子雑誌の魅力

　小型タブレット普及により、電子書籍の今後の市場拡大が期待できるとされているのは、電子書籍コンテンツの充実のほかに、読者が紙の書籍から電子書籍に変える理由となりえるメリットがあるからである。そのメリットとは①欲しい時にすぐに購入でき、すぐに読める。②持ち歩いたり保存する場合にかさばらない。③紙の本より安い。④文字サイズの拡大、ページの拡大が自由にできる。

　電子雑誌の場合には、電子書籍の以上の４つの利点に加え、電子書籍にない魅力と紙の雑誌にない長所が加わる。

　その１つ目は紙の雑誌では不可能だった音声や動画を使ったコンテンツを楽しめることである。メイク法やヘアスタイルのアレンジ法の解説も音声や動画によってよりわかりやすい“使える”コンテンツになるのである。

　２つ目の長所としては目指すページが瞬時に開かれるなど便利な操作機能がついていることがあげられる。目次の見出しをクリックするとジャンプして、

読みたいページがすぐ開く機能は電子書籍にも採用されているが、読みたい記事だけを探す、過去の記事を探すといった作業が簡単になる。もちろん、過去の連載記事を読む、バックナンバーのなかから特定の特集記事や連載だけをまとめて読みたいなどの希望もこの検索機能によって簡単に叶えられることになる。

　3つ目の魅力としては電子掲示板を使って読者と編集者、あるいは読者同士のコミュニケーションを深めるサービスを楽しむことができる点があげられるだろう。

　このようにいくつもある電子雑誌の魅力のなかで、いちばんの注目はｅコマースである。紙の雑誌とは異なり、誌面に掲載されている洋服や小物などを画面上でクリックする、あるいは取扱店のホームページにリンクする機能を使うことで、欲しい商品がダイレクトに購入、すぐに手に入れられる機能とサービスである。

　以上のように便利な機能が備わっている電子雑誌の市場規模は2010年が6億円、2011年で22億円、2022年で226億円と規模は拡大した。しかし、雑誌市場全体からみれば、2022年度の紙の雑誌（コミックスを含む）の推定販売金額4795億円に対し、電子雑誌の規模は88億円わずか0.018％にとどまる。しかも、スマートフォンやタブレットの爆発的な普及に見合っていないのが実情なのである。

3．電子雑誌の普及を阻む問題は未解決

　紙の雑誌市場は減少傾向が止まらない。2022年度もその売り上げは前年比9.1％減となったが、電子雑誌の市場も2020年から3年連続でマイナス成長となっている。電子雑誌の市場が拡大しない要因は果たしてどこにあるのだろうか。

　その要因の多くは雑誌ならではの特性にある。とくに日本の場合、著作権が電子雑誌の進歩と普及の大きな障害になった。小説の場合、著作権者は作家と装丁家、イラストがあればイラストレーター、というように5人以内というケースがほとんどである。しかしファッション誌の場合、著作権者や財産権などの権利所有者は1冊で約300人程度と想定される。この権利の承諾をだれがどのようにとっていくのか、電子雑誌によって得た利益をどのように配分するのかなど日本の出版社はこの環境整備に時間がかかったからである。さらに出版社

間で足並みがなかなか揃わないという問題が加わり、電子雑誌はコンテンツ充実が図れなかった。

　ただ、現在では業界内の慣行や意識の変化、著作権法の改正などによって著作権処理がスムーズに行われるようにはなってきた。しかし、紙の媒体には掲載されている記事や写真がデジタル版では見れないようになっているケースもあり、それに対して不満を抱く読者も多いだろう。

　また、書籍とインターネットは親和性は高いが、雑誌とインターネット、とくにファッション誌とインターネットとの親和性は限りなく低いといわれている。この問題は日本に限らず、電子メディア先進国でも画期的な解決策はまだ考案されていないのが実情である。

　親和性という点において、まずあがるのが、電子媒体の魅力のひとつである拡大・縮小機能についてである。画面を拡大して部分的に見たり、見開きを1ページずつ見ることも自由自在の機能であるが、ファッション誌の場合、2ページの見開きで誌面が構成され、デザインされている。誌面のある部分に注目するにしても、2ページ全体のなかの一部分という確認の仕方をする感覚が読者も身についている。その結果、誌面を部分的に拡大した場合、誌面全体の情報が伝わりにくいということが起こる。当然、写真の良さや楽しさが刺激するであろう読者の想像力や気持ちの高揚感などは消えてしまうことにもなるだろう。このような点を考慮すると、ファッション誌に関するかぎり、紙の雑誌から電子雑誌に変えるメリットはないということになる。

　電子雑誌についている立ち読み機能も読者を惹きつける効果としては低い。購入するかどうか、立ち読みをしてから決められるというのが電子雑誌のひとつの謳い文句ではあるが、そもそも立ち読みはこの雑誌を購入するかどうかの大きな動機づけになる、気に入った記事を見つけるための行為である。さらに購入すると決断するのは、気に入った記事のページをゆっくり読みたいなどという気持ちになった時であろう。

　電子雑誌の購入前に立ち読みができるページは、出版社側が選んだページに限られている。しかし、雑誌のすべてのページが自由に立ち読みができなければ、「気に入った記事が見つかる」という購入動機と出会うのは難しい。つま

り、電子雑誌の立ち読み機能は購入につながる効果が薄い機能であり、読者にとっては魅力的とは言いがたい機能なのである。

　加えて雑誌の経済的基盤を支える広告のスポンサーにとっても電子雑誌は問題が多い。紙の雑誌は翌月号が発売になれば、前号は店頭から片づけられ、返品される。このシステムであれば、季節商品や販売期間が限られている商品の広告を雑誌に載せても広告主にとってなんら不安はない。しかし電子雑誌の場合、何ヵ月間も売られるケースも考えられる。とくにシーズンごとに新しい提案をするファッションの場合、すでにショップで売られていない商品が雑誌広告で紹介されることも起こりうる。このように雑誌に掲載されているのに、店頭にその商品はないというようなトラブルも予想できる電子雑誌の広告掲載に対し、広告掲載を積極的に希望する広告主は少ない。

　以上のように電子雑誌は、現状においては欠点も目立つ。紙の雑誌より電子雑誌は情報が伝わりにくい、拡大機能の魅力が発揮されないという問題点を解決するためには、紙の誌面のデザインを電子雑誌用に作り変えるしかない。しかし、まだ少数の読者のために、費用をかけて作り変えるメリットを出版社側は見つけられない。さらに広告に関しても、紙の雑誌とは別に電子雑誌用に広告を集め、掲載する計画も一度は立ち上がったものの、広告主、広告代理店ともに購読者が少ない電子雑誌用に手間暇かける効果はないと判断し、その計画も立ち消えになっている状態である。

4．eコマースのための電子雑誌

　かくして現時点では電子雑誌が近い将来、紙に変わる存在としてその市場を拡大していくという地図は描きにくいのが実情である。

　しかし大手出版社はファッション誌の電子雑誌化に意欲を燃やしている。その目指すところは電子雑誌を売って利益を得るのではなく、eコマースの事業拡大にある。出版社のホームページで始めているファッションページで紹介したアイテムをすぐに購入できるeコマースを電子雑誌でも行うのである。

　すでに数社が電子雑誌を通販カタログとして活用することを狙っている。電子雑誌の場合、紙の雑誌とは異なり、誌面に掲載されている洋服や小物などを

画面上でクリックするだけでダイレクトに購入できたり、取扱店のホームページにリンクすることもできる。その機能をフルに使ってすぐに欲しい商品が手に入れられるというサービスを提供できる通販カタログとして電子雑誌に力を入れているのである。

　またファッション誌以外、とくに情報誌においては、紙媒体を魅力的な電子雑誌として生まれ変わらせる試みはすでに実用化に向けて着実に進んでいる。

5．ファッション誌の未来

　1997年を機に始まった出版不況は出口の見えない状態が続いている。この不況の主な原因は雑誌不振にあり、女性ファッション誌においても発行部数の落ち込みは激しい。印刷証明付き部数開示が始まった2004年度と2022年度の月刊の平均発行部数[6]を比較すると、『CanCam』は51万3750部から7万5750部へ。18年前の約15％の部数という激減ぶりである。また、もともと発行部数の少ないモード誌『SPUR』の場合も2004年度の12万5833部だった発行部数が2022年度は5万3833部と約57％減となっている。

　ファッション撮影の経費がかかるファッション誌は雑誌のなかでも潤沢な製作費用が必要になる。1970年創刊の『an・an』から生まれたといわれる、販売収入は赤字でも広告収入によって黒字にするという広告主導の雑誌ビジネスモデルは、2007年のリーマンショックまでは何とか機能していた。しかしリーマンショック以後、インターネット広告の躍進も加わって、雑誌のビジネスモデルの基盤となる広告が激減する。加えてファッション誌の増加とそれによって起こった過剰な細分化やインターネットの影響も受けて、読者離れが加速した。この読者離れを食い止めるためにファッション誌界がとった対策は付録を付けることだったが、付録合戦も雑誌販売の長期不振に対しては一過性の花火にしかならなかったことは明らかだろう。

　はたして雑誌の長期低迷を脱出する策はあるのか。発行部数が減り、影響力の弱くなったファッション誌に未来はあるのか。

　未来に続く道はある。おそらくファッション誌がこの世のなかからなくなることはないだろう。電子雑誌に今のポジションを取って変われるにはもう少

し時間がかかりそうである。ただ淘汰はさらに進み、生き残るのは資本力のある出版社から発行される雑誌か、あるいは e コマースで想定する利益が得られる雑誌ということになるだろう。

　今後もファッションの情報源の多様化がさらに進み、雑誌の販売部数の増加を望むことは難しい現実がある。このような状況を考えると、生き残るファッション誌になるためには雑誌のブランドを確立し、その雑誌ブランドに対するファンを作るしかない。「これは私が好きな雑誌」とその雑誌を愛してくれる読者を増やすことである。そのために最低限必要なことは雑誌の個性を明確にすること。そのファッション誌の企画やスタイリングに「その雑誌らしさ」という個性が際立つことが条件であろう。「いかにも ELLE らしいスタイリング」「non-no っぽい企画」というような雑誌の個性をスタイリングや企画の切り口で披露できたら、その雑誌のファンも e コマースで利益を上げるために欠かせないリピーターの数も増えるに違いない。

■注

▶ 1　一般社団法人日本雑誌協会は、雑誌の出版を通じて文化の発展や雑誌共通の利益を擁護することを目的として1956年に設立。会員の出版社は2023年時点で83社、その雑誌発行部数は国内の約80％を占める。長らく雑誌の発行部数や販売部数は、出版社の自己申告による公称部数だったが、2004年以降日本雑誌協会が発表している部数は「印刷証明付きの部数」となっている。

▶ 2　ここに示した 1983年当時の発行部数データは『雑誌新聞総カタログ』（1983年版）に記載されている公称部数である。ちなみに日本雑誌協会が発表する2023年4月から2023年6月までの1号あたりの平均印刷証明付き部数は『an・an』は14万6625部、『non-no』は11万7500部である。

▶ 3　2005年から開催されている東京ガールズコレクション（TGC）は「日本のリアルクローズを世界に」がスローガンである。NY、パリ、ミラノなどで年2回開かれる世界のプレタポルテのコレクションはデザイナーが自分の思想や提案を洋服に込め、バイヤーやメディアに紹介することが目的だが、東京ガールズコレクションはそれとは異なる。まず、このコレクションは有料のイベントであり、集まるのは10代後半から20代の一般女性が中心。そしてステージで紹介される洋服は、「リアルクローズ」である。さらにその場で携帯やインターネットサイトを通して購入できるというイベント性を特徴としている。このことからも明らかなように「リアルクローズ」はショップで購入できる現実的なデザインと価格の洋服、現実的なコーディネートという意味である。現在は女性誌を中心に広く使われている用語となっている。

▶ 4　電子書籍の市場規模とは「電子書籍を書籍や雑誌に近似した著作権管理のされたコンテンツ」とし、配信された電子書籍（文字もの、電子コミック、写真集、電子雑誌、スマートフォンの縦スクロールで読むことに最適化した作品等）の日本国内のユーザーにおける購入金額の合計。月額定額制の利用料金やマンガアプリの課金額も含む。電子新聞や教科書、企業向け情報提供、ゲーム性の高いもの、学術ジャーナルは含まない。

▶ 5　e コマースとは electronic commerce の略であり、楽天や Amazon のようにインターネットな

どを通じて、契約や決済などを行う商取引形態のことをいう。
▶6　月刊平均発行部数とは、2004年度の場合、2003年9月から2004年8月までの1年間、2022年度は2021年10月から2022年9月までの1年間に発表された雑誌1号あたりの平均印刷証明付きの部数である。

■参考文献

赤木洋一『アンアン「1970」』平凡社新書，2007年

井上雅人「日本における「ファッション誌」生成の歴史化：『装苑』から『アンアン』まで／『ル・シャルマン』から『若い女性』まで」都市文化研究，Vol.12，2010年，pp.125-138

ヴァルダー・ベンヤミン『新しい天使　ヴァルター・ベンヤミン著作集13』野村修編集解説，晶文社，1979年

植村八潮『電子出版の構図：実体のない書物の行方』印刷学会出版部，2010年

木下明浩「日本におけるアパレル産業の成立」『立命館経営学』Vol.48，No.4，2009年，pp.191-215

吉良俊彦『ターゲット・メディア主義：雑誌礼賛』宣伝会議，2006年

桑名淳二『データが語るアメリカ雑誌』風濤社，2002年

ケビン・レーン・ケラー『戦略的ブランド・マネジメント　第3版』恩藏直人監訳，東急エージェンシー，2010年

「現代用語の基礎知識」編集部編『現代用語20世紀辞典　年度別「言葉から読む20世紀の解体新書」』自由国民社，1998年

小泉和子『洋裁の時代：日本人の衣服革命』OM出版，2004年

千村典生『増補　戦後ファッションストーリー 1945-2000』平凡社，2001年

富川淳子「雑誌ブランド・イメージ形成の情報処理プロセスにおける専属モデルとスタイリングの影響力」跡見学園女子大学文学部紀要，No.47，2012，pp.69-89

日本出版学会編『パブリッシング・スタディーズ』印刷学会出版部，2022年

浜崎廣『雑誌の死に方："生き物"としての雑誌、その生態学』出版ニュース社，1998年

林邦雄『戦後ファッション盛衰史：そのとき僕は、そこにいた』源流社，1987年

フレデリック・モネイロン『ファッションの社会学：流行のメカニズムとイメージ』北浦春香訳，白水社，2009年

渡辺明日香『ストリートファッション論：日本のファッションの可能性を考える』産業能率大学出版部，2011年

渡辺明日香『ストリートファッションの時代：今、ファッションはストリートから生まれる。』明現社，2005年

日本雑誌協会『雑誌ジャンル・カテゴリ区分』，『印刷証明付部数』，2023年

全国出版協会・出版科学研究所『出版指標年報2022』，2022年

全国出版協会・出版科学研究所『出版月報』2023年1月号，2023年

電通総研編『情報メディア白書2024版』ダイヤモンド社，2024年

インターネットメディア総合研究所『電子書籍ビジネス調査報告書2023』インプレスビジネスメディア，2023年

文部科学省『学校保健統計調査』

『Percent of Total Trade Revenue2022』ASSOCIATE OF AMERICANS　PUBLISHERS

コラム　雑誌広告の unwritten ルール

　雑誌研究において、「作り手側の事情」は見逃されがちである。そもそも先行研究が少なく、調査しようにも資料が十分に揃わない。こんな状況も「作り手側の事情」が研究の調査や分析に加味されにくかった要因であろう。いうまでもなく、この「作り手側の事情」は雑誌の広告ページ研究においても考慮すべき要因となる。

　大手出版社の女性誌において、「表２」や「センター」、「表４」などの名称で呼ばれる、いわゆる“特殊面”に掲載される広告は「作り手側の事情」が優先される典型的な例である。たとえば例年、表２は大手化粧品会社Ａ社とＢ社の広告が隔月ごと交代で掲載されることになっている。あるいはＡ社がセンターに出稿する号はＣ社が表２、表４にはＤ社の広告が掲載されると今年は決まった…etc.。このように特殊面は特定の広告主が希望の号と位置を年間で予約するケースが多い。そのため出版社は特定の企業の特殊面における長年の実績に対して感謝を込め、さらにはさまざまな思惑から、その企業にこの特殊面の占有権を渡すのが「暗黙のルール」になっているのである。

　したがって過去何年にもわたり、同じ号の同じ位置の特殊面に出稿を続けてきた実績のある企業から、そのページを「手放す」と申し出がないかぎり、出版社はこの号のこの位置をその企業のために確保しておかなければならない。この「明文化されていない暗黙のルール」によって、ほかの企業が、たとえ特殊面と30ページの広告をセットでという魅力的な提案をしてきたとしても、出版社としてはその交渉には応じられないのである。

　もし、この「明文化されていない暗黙のルール」の存在を知らずに、同じ月の号を何年間分か調べたとしたら……。同じ広告主がいつも同じ位置に入っているという調査結果になり、その偏ったデータから結論を出してしまうことになる。この例からも明らかなように、その出版社と広告主である企業、さらには広告代理店とのその当時の関係を把握せずして、正しい調査分析はできないのである。

　ただ、ここ数年、老舗化粧品会社といえども、かつてのように潤沢な雑誌広告費を確保できず、特定の雑誌に年間で定期的に広告を出す約束ができなくなってきているという。その結果、特殊面の占有権をめぐる不文律は消えつつあり、代わりに新製品発売やキャンペーンに合わせて広告を出す「時期優先型」のプランニングに移行する傾向が目立つようになってきた。最近の雑誌を対象にした広告調査においては、この状況の変化も加味しなければならないことになる。

　しかし、社会の変化にかかわらず、化粧品会社の広告に関して女性誌界にまだまだ

根強く残っている暗黙のルールがある。そのひとつは化粧品の広告は続けて並べず、必ず間にほかの業種の広告を入れるということ。この理由も明文化されていないが、印刷の色味問題によるところが大きいと言われている。

　雑誌の紙質によっては、前後のページの誌面の色の影響を受け、広告の口紅の色やモデルの肌の色が本来の色と微妙に違うなどのトラブルが起こることがある。色が正確に再現されていないというだけでも出版社と広告代理店は右往左往の事態なのに、その原因がライバル会社の広告の影響となったら問題はさらに大きくなるだろう。この暗黙のルールが存在する目的は、見方を変えれば出版社と化粧品会社、広告代理店の3社の間で長年培ってきた友好関係にひびが入る危険を避けるため、とも考えられる。

　このほか、車の広告の前後にはアルコール関係の広告は掲載しない。また、たばこの広告は未成年者が中心読者の雑誌と、女性読者が50％以上を占める雑誌には掲載しないなどの広告主の意向を受けた「暗黙のルール」も多数存在する。

　以上のように、雑誌広告は出版社と広告主の事情が絡み合う。しかも、このルールは出版社によっても異なる。さらに雑誌広告を取り巻く状況は出版不況や部数低迷による雑誌の影響力低下に加えて、2008年のリーマンショックおよび2011年の東日本大震災以後、状況は大きく変化した。当然「明文化されていない重要なルール」にもその影響は顕著に表れている。「時代の鏡」である雑誌を調査対象として、広告も含めた内容分析研究の場合、社会の動きと編集部の事情の関係性もまた「時代の鏡」といえるのである。

（富川　淳子）

ファッション産業の歴史とグローバル化

Chapter 09

角田奈歩

　私たちは、衣服がほしいと思った時、店に足を運んだりカタログを開いたりウェブサイトにアクセスしたりして、すぐ実物を手に入れられるのが当然だと思っている。しかし、それが簡単なことになってから、実はまだ100年ばかりしか経っていない。生地を作り衣服を仕立てる技術やシステム、またそういった商品の流通構造が、より大きな社会と経済の変化のなかで移ろい、今に至るのである。そして生地や衣服が作られ売られる過程は、世界を結びつけ、数百年かけてグローバリゼーションの体現となってきた。生地や衣服の生産・流通の歴史を追い、その現在の状況をふまえることで、今後ファッション産業がどうなっていくかを考えるヒントとしたい。

1 ≫ 生地と衣服の新しい製造・流通システム

1．ヨーロッパ綿織物業の始まりと世界展開

　私たちにとってもっとも身近な繊維は綿である。まったく綿を身につけない日は滅多にないだろう。しかし、ヨーロッパで綿を日常的に使うようになったのはそう古いことではない。

　綿織物は、アジアからヨーロッパへともたらされた。16〜17世紀の大航海時代にヨーロッパからアジアに直接赴くことができるようになり、インドや東南アジアに商館を設けて貿易をはじめた。ヨーロッパの人びとがアジアに向かった主な目的は香辛料だったが、インド洋世界で香辛料を入手するには対価としてインド産綿織物が必要だったため、インド産綿織物取引に着手することになる。そしてしだいにインド産絵柄入り綿織物、すなわちインド更紗の良さがヨーロッパでも知られるようになった。インド更紗は軽く、洗濯可能で、ヨーロッパでは難しかった堅牢染色のおかげで色褪せしにくかったのである。

そもそも、インド産綿織物が入ってくる17世紀は、ヨーロッパ内部でも生地への好みが変化した時期である。重い毛織物に代わって、上流層では絹織物、それより下の層では交織のファスティアンなどの薄く軽い織物が人気を得るようになっており、それらの製造もさかんになっていた。綿は幅広い質と価格帯の生地に作りあげることができ、ヨーロッパで普及していた毛、絹、麻などのさまざまな生地の代替となりえた。またヨーロッパの人びとは、インド産綿織物を輸入するだけではなく、西アフリカや南北アメリカ大陸に再輸出もした。ただし、これ以前からインド産綿織物は、アジアはもちろんインド洋を越えてアフリカでも取引されていた。つまり以前からすでに国際的に取引されていたが、そこへあらたにヨーロッパの国々が参入したわけである。

　だが、航海に数ヵ月かかるためインド到着時にはヨーロッパ市場の情報が古くなっていて仕入れを読み違える、現地の商品とヨーロッパ市場の好みが合わないなど、買い付けは難しかった。ヨーロッパの需要に合わせたカスタマイズ製品生産も試みられたが、現地職人にとって未知の地の嗜好は探りがたく、ヨーロッパで好まれる白地や薄色地についても、白地は臈纈染めで残すから蠟を多く使わねばならず製造コストが上がる上、淡色に染める技法はなかった。さらに17世紀末から18世紀初頭になると、インド産綿織物の品質が下がる一方、ヨーロッパ市場での主な需要が家具・調度品用から衣服用に移って高品質な商品が求められるようになり、需給の差が広がってしまう。綿織物の対価となるものがヨーロッパ側になく、新大陸から入手した銀で払うしかないのも問題だった。輸入超過対策として多くの国でインド産綿織物輸入・使用禁止などの措置がとられ、街頭での剥ぎ取り事件なども起きたが、結局はヨーロッパでの高品質な綿織物製造が求められることになる。西アフリカやアメリカへの輸出という目的があったことも、製造の必要性を高めた。

　そこでヨーロッパで綿織物業がはじまるが、最初から糸や生地を作ったわけではなく、捺染から着手された。輸入したインド産白綿布にヨーロッパで好まれる色柄を染めるのである。つまり、中間財がインド洋を渡り、染められて商品となり、ヨーロッパ市場、アフリカ市場やアメリカ市場に出回るというしくみである。しかし捺染も容易ではなかった。従来ヨーロッパでは生地に柄を入

れる方法は織布か刺繍しかなく、後染めの技法はインド更紗から学んだものである。そして後染めを知ってからも、当初は手描き染め、つまり職人が手仕事で柄を描き込む手法が主だった。17世紀末から捺染、つまり版画のようにプリントする染色法がインド更紗を参考に導入され、18世紀末には銅版ロータリー・プリントなど大きな柄を染める技術も開発された。今、私たちにはプリント地はカジュアルという感覚があるが、これは捺染の発達期に、未熟な技術による質の悪い柄物が目立ったことに遠因があるかもしれない。いずれにせよ、こうしてプリント地が安価に作れるようになり、庶民層もかつては手の届かなかった柄物を着られるようになった。高価な絹の刺繍地の柄を模した捺染プリント綿がデザインの工業的複製を可能にし、それによってもたらされた低価格が、多くの人びとにファッションへのアクセスを可能にしたのである。

　ところで、なぜヨーロッパですぐにも綿地を生産しようとしなかったかといえば、大規模な綿花栽培が難しい土地柄だったからである。しかしイギリスは、17世紀後半にオランダ、18世紀前半にフランスとの戦争を経て北米植民地の大部分を獲得し、ここで綿花栽培をはじめた。西アフリカからアメリカへ黒人奴隷が売られ、アメリカからイギリスへ綿花が運ばれ、イギリスから西アフリカへ織物や酒・銃などが送られるという大西洋三角貿易が成立し、イギリスは綿織物の原料も入手できるようになった。18世紀後半に北米の半分はアメリカ合衆国として独立したが、ミッチェル（Margaret Munnerlyn Mitchell, 1900-1949）の小説、そしてその映画化『風と共に去りぬ』で描かれた南北戦争期の様子からもうかがえるように、北米のプランテーションで黒人奴隷によって育てられた綿花は、イギリスに綿織物原料を供給し続ける。

　そして西アフリカとアメリカ大陸は、今度はイギリス産綿織物の輸出先ともなった。労働力と原料が大西洋を渡り、製品もふたたび大西洋を渡る。こうして綿織物は、世界規模の生産・流通システムに乗る初の商品となったのである。

　原料が調達できるならそれを糸にし布にしなくてはならないが、18世紀中は紡績技術が発展しても織布が未熟、織布技術が向上すれば紡績が間に合わず、と技術の不均衡が続いた。しかし19世紀初頭には紡績・織布技術も安定し、蒸気機関が動力源として利用できるようになり、イギリス製綿織物は品質もコス

トも生産量も飛躍的に向上した。イギリスはかつての輸入元であるインドに綿布を輸出するまでになり、製鉄など他部門も発展を遂げ、「世界の工場」となっていく。こうした工業化を一般に「産業革命」と呼ぶ。

　こうして工業化が進む19世紀、燃料として用いられたのは石炭である。埋蔵量に限りがあることは認識されておらず、照明から製鉄に至るまで、石炭は思うさま大量に利用されていた。この石炭を燃料化する時に発生するコールタールという廃棄物から、1856年、弱冠18歳のイギリス人パーキン（William Henry Perkin, 1838-1907）が染料を作り出した。世界初の化学染料、モーヴ色染料の誕生である。彼はすぐ染料の特許を取るが、イギリスではこの色は好まれなかった。そこでパーキンは海外にこれを売り込み、商業的にも成功を収める。時のフランス皇帝ナポレオン3世（Napoléon Ⅲ, 1808-1873；位1852-1870）もリヨン絹織物業の梃子入れのために化学染料を採用した。その後、インディゴ、アカネなど、さまざまな染料が化学合成される。かつて染料の原料は植物か虫などの動物で、濃く染めるのは難しかったし、値も高かった。19世紀初頭からは鉱物染料が使われはじめるが、やはり値は張る。だから、貧しい人びとは色鮮やかな生地に手が出せなかった。しかし、化学染料が街を行き交う人びとの衣服に色をつける。ヨーロッパの民族衣装の多様な色彩も、多くがこの時期に生まれたものである。

2. 既製服の誕生

　ところで当時、衣服は、どのようにして人びとの手に届いたのだろうか。

　私たちは店で、通信販売で、衣服の実物や写真を目にし、手に取って試し、型・色や価格などの情報を得てから購入する。しかしかつては、衣服を手に入れる方法は、仕立を頼むか古着を買うかしかなかった。

　かつてヨーロッパにはギルドという制度が存在した。ギルドは元来は手工業・小売業に携わる同業者の互助組織だが、フランスなどでは国家や都市などが手工業・小売業を統制するシステムとして機能した。各ギルドの職分は法令などで制限され、たとえばパリでは、生地商は生地に加工をしてはならなかったし、仕立工は生地の在庫保有を禁じられていた。そのため、衣服を手にするには、

生地商のもとで買った生地を仕立工に持ち込まなくてはならない。そういった注文服は費用も時間もかかるため、庶民層にとっては古着が事実上唯一の衣服入手の上での選択肢だった。したがって、ファッションには社会層に応じたタイムラグが生じる。富裕層は仕立によって最新流行の衣服を手にできるが、古着しか入手できない層は流行遅れのものしか着られない。

　この状況を変えたのは、18世紀末から19世紀初めにかけての都市内産業としての既製服製造業出現である。アジアの海外拠点などでは以前からヨーロッパ向け既製服が生産されていたが、これは水夫服など限定的なもので、ヨーロッパ都市内での既製服製造はほぼ存在しなかった。しかし18世紀後半、当時すでにファッションの都となっていたパリで、2つの出来事が起きる。ひとつは仕立工と古着商のギルドの合併、もうひとつはモード商という職業の誕生である。

　まず仕立工と古着商のギルド合併だが、1776年、フランス王国全体に関わる大改革とその撤回に伴ってギルド制度の再編成が行われ、その際に合併された。前述の通り、従来、パリの仕立工は仕立しかできない職業だったが、古着商とのギルド統合で、「すでにできあがっている」衣服に手を入れられる可能性が生じる。その後、フランス革命期になるとギルド制度は完全に廃止され、生地販売だけ、仕立だけとかいった制限もなくなった。

　そして後者、モード商というのは、名の通り「モード」、流行服飾品を作り売る職業である。彼らは生地小売とその仕立、つまり中間財販売から最終消費財生産までの過程を統合した。のみならず、完成品の衣服も販売している。ギルド制度下でこうした型破りな活動ができた理由はいくつかあるが、ここでは宮廷とのコネクションを指摘しておこう。1776年再編成後に成立したモード商ギルドの初代理事も務めたベルタン（Marie-Jeanne "Rose" Bertin, 1747-1813）は、王妃マリ＝アントワネット（Marie-Antoinette-Josepha-Jeanne de Lorraine d'Autriche, 1755-1793：位1774-1792）など錚々たる顧客をもち、顧客の注文に従う一職人の立場を超えてみずから流行を牽引し、「王妃のモード大臣」とまで呼ばれた。ベルタンはこのコネクションゆえに革命期には亡命を余儀なくされたが、ギルドの制限もなくなり、ナポレオンが皇帝になる頃にはルロワ（Louis-Hippolyte Leroy, 1763-1829）が台頭する。ルロワはフランスのみならずロシアからイギリ

スまでヨーロッパ中の宮廷に顧客をもち、ナポレオン失脚後もブルボン復古王朝の宮廷御用達となる。つまりルロワは、顧客ゆえに知られる「モード大臣」といった立場を超えて名を馳せる「モード界のナポレオン」となっていた。

　こうして、当時のハイファッションを担うモード商という職業、また庶民層の衣服を賄う古着商という職業、その双方から、既製服の可能性が生まれた。しかしこの時点では、１着ずつ着用者に合わせられていない既製服はまともな服とは思われず、豊かで身分ある人びとは見向きもしなかった。フランス初の既製服店はパリソ（Pierre Parissot, ?-1860）の「ラ・ベル・ジャルディニエール」（1824年創業）だが、この店の当初の主力商品は作業着であり、それを必要とするような層が顧客だった。やがて少し質が向上すると、さほど金銭的余裕はないが身なりを整えねばならない小店主や学生といった従来は少し上質の古着を着ていた層が既製服の買い手となる。また、パリ滞在中に急いで服装を整えたい旅行者のために18世紀末からイージー・オーダーのスピード仕立が始まっていたが、彼らにも既製服は利用されただろう。

　このように既製服は、19世紀初頭には古着と比べて質が悪いとみなされていたが、しだいに古着を着ていた層の需要を奪っていく。そして、注文服のように新品かつ流行のデザインで、古着のように安価かつ現物が確認できるという双方の利点を兼ね備えた既製服は、社会層間のファッションのタイムラグを埋めていくことになる。折しも男性服は現在の男性用スーツの直接の原型となる暗色スーツ型の衣服に統一されつつあり、庶民層も富裕層も一見したところ身なりに大差がなくなる。この流れは画一的に製造される既製服には都合がよかった。既製服の街着導入があってこそ、男性服が社会層を超えて統一に向かったという面もあったかもしれない。

　そして既製服拡大に重要な役割を果たしたのがミシンである。19世紀初頭に現在の形に近いミシンが考案された後、フランスでは1830年、ティモニエ（Barthélemy Thimonnier, 1793-1857）が特許を取り、軍服製造のためフランス軍にミシンを納品した。当時は手縫いでない服などまともなものではないと思われていたが、軍服のような規格品ならミシンが入り込む余地があったのである。ところが、ティモニエの工場は機械に仕事を奪われることを怖れた仕立工らに

打ち壊されてしまう。その後もティモニエは再起を試みるが、すでにミシン製造競争の主戦場はアメリカに移っていた。アメリカでは1830〜40年代からミシン特許競争が起きている。これを制したのは、1850年に起業したシンガー（Isaac Merritt Singer, 1811-1875）、現シンガー社の創始者である。シンガー製より性能が良いミシンもすぐに開発されたが、それでもシンガーがトップに立てたのは、組織整備と販売・普及戦略に注力したためである。シンガー社は世界初の多国籍企業と呼ばれるまでに発展し、シンガー・ミシンは世界中に広まり、安く速く衣服が作れるようになった。1876年にはアメリカで裁断機が発明され、複数の生地を同じ型で裁断できるようになり、既製服はこうした機械によって質も供給量も安定し、古着のみならず注文服の顧客をも侵食していく。

　こうして、富裕層でなくても、流行の衣服を手に入れることができるようになった。工場で機械織りされ、化学染料で染められ、ミシンで縫われた衣服、これが万人にアクセス可能なファッションを実現させたのである。

3．反工業化と工業製品の改良

　しかし、工業化に異を唱えた人びともいる。ティモニエの工場を打ち壊した仕立工たち、そして彼らに先んじて、イギリス中北部の生地生産がさかんなノッティンガムやランカシャーでは、織機などの機械の打ち壊し運動、ラッダイト運動が起きていた。イギリス政府は打ち壊しを死罪としたが、ラッダイト運動は盛衰をくり返しつつ工場法や普通選挙法を求める運動へと発展する。当時は労働時間に制限がなく、機械の下の狭いスペースでの作業のために子どもも働かされていた。パンも睡眠時間も欠き、子どもも守れない生活を送る労働者が法規制を求めはじめたのである。そして法制度を変えさせるためには、政治参加の権利がなくてはならない。普通選挙法が求められたのはそのためである。

　資本家の側にも、別の観点から機械化や工業化を問題視する向きがあった。たとえば、思想家でデザイナーであるモリス（William Morris, 1834-1896）のアーツ・アンド・クラフツ運動である。モリスは大量生産された工業製品が手仕事の美や歓びを奪う事態を憂え、生活と芸術を結びつけようと、インテリアなどの生活芸術の分野ですぐれた製品を世に送った。植物紋様の壁紙が有名である。

また、ロンドンの目抜き通りリージェント・ストリートにはリバティという百貨店があるが、これはリバティ（Arthur Lasenby Liberty, 1843-1917）が1875年に開いた店がもとになっている。リバティは当初、万国博覧会で人気が高まった中国や日本の工芸品を商っていたが、しだいに室内装飾や服飾の改革を目指すようになる。モリスの商品は手仕事ゆえに高くつき、庶民層が入手するのは不可能だったが、リバティはより広く人びとに生活の美を浸透させたいと考え、また目端が利く商売人でもあったため、工業製品の形での生活芸術発展を考えた。そして中国や日本などアジアの絹織物も参考にしつつ生み出したのが、小花柄で有名なリバティ・プリントである。モリスの死後はデザイン版権を買い取り、壁紙用の柄をプリント地に転用した。なお、リバティは当時さかんだったコルセットで身体を締めつけるタイト・レイシングにも反対し、1889年パリ万国博覧会にゆったりしたデザインの「エステティック・ドレス」を出品している。

4. 小売業の変化

　こうして、19世紀半ば過ぎには、生地生産も衣服製造も大きな変化を経験した。それでは、それらの商品はどのように売られたのだろうか。

　私たちが知る服飾店では、魅力的なディスプレイが購買意欲をそそり、値札で価格が確認でき、購入後に返品もできることが多いし、ほしいものがなければ何も買わずに店を出られる。しかし、前近代ヨーロッパの小売店舗はそうではなかった。店舗は倉庫や工房と大差なく、商品は隠されていて頼まないと出してもらえず、定価はなく値段は店員との駆け引きで決まるため高く売りつけられることもしばしば、さらに何も買わずに店を後にするのは事実上不可能だったから、上流層は店舗には行かず、御用聞きに来させていた。掛け売りが主流、つまりツケ払いだが、利子は高い。少し上等の店でもそんな具合だが、古着市場でも最下級品の区画ともなれば、客引きは腕を引っ張り、品物はゴミ同然のものを見た目だけ繕ったようなものだったりして、商業倫理などないも同然である。そのため、買い物はやむをえずするものでしかなかった。

　こういった状況を変えたのが前述のモード商である。彼らは店舗を優雅に設

え、お針子たちに窓辺で商品を作らせ、店頭にマネキン人形を置き、有名顧客の肖像画を飾って御用達をアピールし、返品も受けつけた。こうして、店に行くことが楽しみとなる。しかしまだ衣服は注文生産中心で定価はない上、モード商の商品は非常に高いから、店に行けるのは豊かな人びとだけである。

　だが、1820〜30年代、庶民向けに既製服が登場する頃、新物店が現れる。新物店はモード商から発展した服飾品を扱う業種だが、定価を導入し、商品を陳列し、直接買い付けで価格を下げ、現金払いを推奨した。現金払いは、江戸時代の呉服店・三井越後屋も「現銀掛け値なし」と打ち出し、洋の東西を問わず小売業発展の上で重要な画期となる商習慣だが、当時同じく進展しつつあった既製服も実物を確認できる点で現金払いに適していた。19世紀の第２四半世紀パリのファッション産業は、新物店と既製服店が重なりあいつつ両輪となって発達したのである。そして広告を発明したのも新物商とされる。多くの人の生活圏が徒歩圏に限られた時代には、近所の店や市場しか買い物の場の選択肢はなく、顧客拡大の可能性は薄かった。19世紀に入ると、工業化による鉄の増産もあってイギリスを皮切りに都市間の鉄道網が拡大し、都市内交通としてもバス式乗り合い馬車やメーター式辻馬車が発達する。交通の発展で移動が容易になり、遠方からの客が見込めるようになってはじめて、広告という発想が生まれたのである。こうして、服飾品小売は、経費を切り詰め商品価格を釣りあげて利益を出すものではなくなり、薄利多売の発想が定着していく。

　そして、新物店で店員をしていた人びとのなかから、この業態をさらに洗練させる者が現れた。そのひとりがブシコ（Aristide Boucicaut, 1810-1877）である。彼は1852年、パリ左岸にあった服飾品店を買い取って新装開店した。ブシコの店は、ナポレオン３世による都市改造が進むなか、十数年後にはエッフェル（Alexandre-Gustave Eiffel, 1832-1923）の手で壮麗な店舗に生まれ変わる。ブシコは商品展示を工夫し、商品に値札をつけ、返品を制度化し、端境期対策のバーゲン・セールを発明し、カタログ通信販売により大陸を越えて商品を売り、カフェやトイレや読書室などの店舗サーヴィスも充実させた。このブシコの店こそ、世界初の百貨店とされる「ボン・マルシェ」である。百貨店によって、ショッピングは娯楽になった。

さらに、かつて店舗で働く人びとといえば、親方の下で修行する徒弟・職人や、働いている店の品物にも手が出ない安い給与で働く店員たちで、親方たる店主は奥の部屋で寝起きしていても下っ端は店の床に寝るような状態であり、身体を壊したりクビになったりすれば文字通り路頭に迷うしかなかった。だが「ボン・マルシェ」は従業員年金制度、社員食堂、社員寮など従業員の福利厚生も充実させる。これは従業員にとってありがたいだけではなく、雇用する側としても、従業員が健康を保ち、安心して働ける場を求めて良い人材が集まるなら利益になる。都市化が進んで都市人口が爆発的に増え、血縁・地縁による互助が薄れつつあった当時、企業がそれに代わるものを提供したという意味もあっただろう。このように、百貨店は世界初の大規模小売業態であり、大衆消費を創り出したが、のみならず企業としても先進的なシステムを導入したのである。そして、ショシャール（Alfred Chauchard, 1821-1909）の「ルーヴル」（1855年創業, 1974年閉店）、ジャリュゾ（Jules Jaluzot, 1834-1916）の「プランタン」（1865年創業）、バデール（Théophile Bader, 1864-1942）の「ギャルリ・ラファイエット」（1894年創業）など、パリでは百貨店が次々に創業され、ヨーロッパ各国にも広まり、アメリカでもニューヨークの「メイシーズ」などが百貨店の規模に拡大し、1905年には三井越後屋から続く三越呉服店が百貨店に生まれ変わるなど、世界各国にこの商業形態が伝わった。20世紀には百貨店からスーパーマーケットが生まれ、現在の日本ではどこにでもスーパーマーケットから派生したコンヴィニエンス・ストアがある。こうした私たちの生活に欠かせない小売業態は、百貨店、もとをたどれば新物店、そしてモード商から生まれたのである。

　さて、フランス宮廷には、皇帝ナポレオン3世以外にもうひとり、宮廷人士、わけても女性に君臨する人物がいた。この人物が化学染料を使った生地を採用したこともおそらく化学染料の成功の一因だろう。彼も化学染料の発明者パーキンと同じくイギリス人で、名をチャールズ＝フレデリック・ワース（Charles Frederick Worth, 1825-1895）、フランス語読みではシャルル＝フレデリック・ヴォルト（ウォルト）という。かつてモード商ルロワは皇帝ナポレオンに重用されナポレオンになぞらえられたが、ヴォルトもナポレオン3世の宮廷で人気を得て、「ファッションの専制君主」と呼ばれた。ヴォルトは「クチュリエ」とし

て高級女性服の注文生産に携わる。それだけなら従来通りだが、デザインした衣服を店員に着せて顧客にデザインを選ばせ、顧客に合わせて仕立てるという合理的システムを編み出したのがヴォルトの画期的な点である。マネキン人形や人台ではなく人間に衣服を着せて示したことからファッション・モデルの考案者ともいわれる。さらに、コピー品製造を防ぐためパリ・クチュール組合（通称サンディカ）の前身となるフランス・クチュール組合を結成した。これらをもって、ヴォルトは「オートクチュールの父」と呼ばれる。

こうして、19世紀後半のパリに、百貨店という「安く・大量に」売る中間層～大衆向け大規模小売業態と、オートクチュールという「付加価値をのせて・限られた人びとに」売る特権層向け小規模小売業態が登場した。オートクチュールがファッションを示し、それが百貨店で売られる既製服に模倣され伝達されるというトップ・ダウンのファッション構造も、ここからはじまるのである。

2 ≫ 衣服の製造・流通・消費が生み出す世界の連関

1．工業製品としての衣服

ファッション雑誌はパリとロンドンで18世紀に誕生したが、19世紀後半には、『ハーパース・バザー』（1867年創刊）、『ヴォーグ』（1892年創刊）といった現在も続くファッション雑誌がアメリカで創刊された。これにより、19世紀末～20世紀初頭、パリ・オートクチュールのコレクションがアメリカのメディアにファッションと認められて世界に広まるというシステムが成立する。パリ・コレクションには世界中から女性が詰めかけた。イタリアの独裁者ムッソリーニ（Benito Amilcare Andrea Mussolini, 1883-1945）は、イタリア富裕層がパリ一辺倒で国内服飾産業に金を落とさず、また1861年の統一後50年以上を経ても産業が育たないという状況打開のため、人工繊維生産拠点整備とデザイナー育成を試み、ファッション産業基幹産業化を狙ったほどである。

ムッソリーニの発想は、ファッション産業育成のためにデザインも自国で作る、というものだった。しかし海の向こうのアメリカでは、20世紀になっても「デザイン輸入」の状況が続く。パリには行けないまでもある程度豊かな層は

品物やパターンを輸入してパリ・モードを真似た。20世紀に入るとアメリカ的デザイン創造の試みもあったが、有名百貨店などが支持せず失敗に終わる。さらにアメリカでは、19世紀末から、移民により増大する人口を反映して既製服需要も拡大していた。移民のアメリカ社会同化にも画一的な既製服は一役買ったが、こうした既製服は当初、ファッションとはほぼ無縁のものだった。1920年代頃から既製服にもファッション性が求められるようになるが、パターンはほぼ輸入、ニューヨークのデザイン学校の教師はフランス人ばかりという状況で、デザインは未だにパリの模倣にすぎなかった。もともと、こうしたコピー製品対策のためもあってヴォルトは組合を創ったのである。

　ヴォルト亡き後にパリ・オートクチュールの中心人物となったポワレ（Paul Poiret, 1879-1944）は、コピーされるくらいならばとアメリカでの既製服販売に取り組んだが、これは第一次世界大戦勃発で頓挫した。さらに1929年に世界恐慌が始まると、アメリカは国内既製服産業保護のため衣料品への関税を上げたが、パターンは無税とした。おそらくこの時点では、需要に対応できるだけのパターンを国内で作るのは無理だったのだろう。アメリカの業者はパリのメゾンからパターンを輸入して既製服を製造し、メゾンのレーベルをつけて売った。一種のライセンス・ビジネスである。

　ところが、第二次世界大戦中にパリはナチスに占領され、各メゾンは休業・閉店に追い込まれる。シャネル（Gabriel "Coco" Chanel, 1883-1971）はナチス将校と交友をもったことでスイス亡命を余儀なくされた。このようにデザイナーも一部は亡命、男性は徴兵もされてしまう。アメリカへのデザイン輸入は途絶え、自力でデザインを作らなくてはならなくなった。こうした状況から現れたのが、マッカーデル（Claire McCardell, 1905-1958）など、大量生産用であることをふまえ、中流層向けの「アメリカ的」カジュアル・デザインを作るデザイナーである。

　元来、デザインを輸入に頼っていたからこそ、アメリカではデザインの模倣可能性が自明のものとして受け入れられたのかもしれない。それによって衣服は工業製品として大量生産されるようになったのである。ただし、衣服製造の機械化には限度があり、他の部門と比べ衣服製造の工業化は遅い。ミシンが完

全に定着した現在でさえ、縫製には人の手を要する。とはいえ、内発的デザインなき生産がデザインと製造の分離を呼び、デザイナーはデザインだけを担うようになり、その後の工程は分業され、機械化されることになる。

２．多極化とグローバル化

1960年代後半になると、パリ・オートクチュールも既製服を無視できなくなり、プレタポルテ部門を設けるようになった。この流れのなか、1968年にパリで起きた五月革命は多くの面で人びとの価値観を変えたが、これもあってパリ・オートクチュールからのトップ・ダウンのファッション構造も揺らぐ。

五月革命にパリで遭遇した日本人がいる。パリのメゾンで働いていたこの人物は、五月革命を契機に日本人にとっての「洋服」、西洋の歴史の上に成り立つ衣服の意味を考えるようになり、帰国してみずからデザイン事務所を開いた。彼こそ三宅一生（1938-2022）である。

三宅は1973年、「一枚の布」で身体を包むという出自や文脈に縛られない「世界服」によりパリ・コレクションに参加した。すでに1970年に高田賢三（1939-2020）が西洋的コードから外れたデザインをパリで発表し人気を得ていたが、これは非西洋的なエスニック要素を加えた「洋服」ととらえられていた。しかし三宅は「洋服」とは何かという根本的な問いを投げかけたのである。1980年代になると、川久保玲（1942-）が「洋服」をまとう身体をめぐる概念を揺るがし、従来のそれが西洋的なものでしかなかったことを知らしめる。すでにコレクションはニューヨーク、ロンドン、ミラノなどでも開かれるようになっており、アントワープ・シックスやリアル・クローズを旨とし「アンチ・モード」を掲げるマルジェラ（Martin Margiela, 1957-）などアントウェルペン王立芸術学院出身のデザイナーらも活躍しはじめた。パリだけがファッションの中心だった時代は去り、トップ・ダウンのファッション構造も崩れ、1960年代にロンドンの街角で生まれたミニスカートが一世を風靡してパリのメゾンで採用されたように、ボトム・アップのファッションも現れる。

そして1990年代には「グローバル・ブランド」と呼ばれる世界に展開する企業が増えていく。ハイファッションではルイ・ヴィトン、ディオール、シャネ

ル、グッチ、プラダ、マスファッションではベネトン、GAP、スポーツ・ウェアではナイキ、アディダス、プーマなどである。宣伝戦略・店舗展開によりブランド・アイデンティティを広め、デザイナーではなく企業が主導するマーケティング主導の服作りが特徴だが、多くの場合、自社製品を自社店舗で小売する製造小売＝SPA（Specialty store retailer of Private label Apparel）方式がとられ、企業イメージに一貫性をもたせる。既製服産業をいち早く発展させたアメリカと、ムッソリーニのファッション産業振興計画が潰えた後、第二次世界大戦後に「マフィアと貧困の国」と化していた状況からの脱却を目指すイタリアを主な場として、グローバル・ブランドは展開していく。

　そして、企業主導を極めたひとつの例が、LVMH（モエ・ヘネシー・ルイ・ヴィトン）である。LVMHは1987年、ルイ・ヴィトン社とモエ・ヘネシー社の合併で成立し、現在はフランス人企業家アルノ（Bernard Arnault, 1949-）が率いる巨大コングロマリットである。アルノはディオールを買収し、ラガーフェルド（Karl Lagerfeld, 1933-2019）によるシャネル復活劇を参考に、フェレ（Gianfranco Ferré, 1944-2007）やガリアーノ（John Galliano, 1960-）を起用し、ブランド・アイデンティティを保ちつつも新しい人材によりデザインを刷新する手法、消費者にアピールするイメージ戦略、主要都市への直営店展開などで経営的に成功し、その後もパリのメゾンやミラノ・ブランドなどを次々に傘下に収めている。つまり、クリエイションより企業経営が優先され、デザイナーは代替可能になったのである。デザインは衣服の本質ではなく製造・流通の一過程となり、他の過程と同様に、効率化のために企業に統轄される。デザイナーの自由な創造性は製造・流通の難度もコストも上げるが、かつてのデザイナー主導のメゾンでは効率のためにデザインを変えることはあり得なかったし、付加価値を重視する特権的小規模小売の形を取るならその必要もなかった。しかし今や、ディオール（Christian Dior, 1905-1957）などといったかつてのデザイナーの名は、その名だけで、商品に付加価値を与えるブランド名として機能し、オートクチュールのような限られた特権層だけではなくある程度のマスを対象としつつも、その付加価値によってイメージと価格を保つ。

　これに対し、低価格で最先端の流行を提示するのがファストファッションで

ある。ファストファッションとは、流行を取り入れた安価な服飾品を製造・小売する企業の提供するファッションをファスト・フードになぞらえた造語で、20世紀末〜21世紀初頭になって広まったものである。多くがSPA方式を採用し、世界規模でチェーン展開している。C&A、nextなどは19世紀の生地商や服飾店が母体だが、H&M、ユニクロ、トップショップ、GAP、ZARAなどは、1960年代から1970年代にかけて、衣服大量生産の流れに乗って創業した企業またはそのブランドである。またArmani Exchangeは、ハイファッション・ブランドの廉価既製服ラインとして設立された。このように出自はさまざまだが、各国コレクションのデザインを素早く取り入れ、発展途上国で製造し、世界各国で販売するのは同じである。国を越えたハイファッションから既製服へのデザイン模倣という点ではアメリカでパリ・モードを模して既製服が作られていた状況と重なるが、製造が他国で、それもアジアの途上国で行われ、当地の経済の根幹をなしている点で、かつて世界を結びつけた綿織物のように、単に複数の国をつなぐだけではないグローバルな経済構造を形作っている。

このように企業主導で大量生産・大規模小売される「ファッション」を、クリエイティヴィティに欠けるなどと批判するのはたやすい。しかし、「速く」、「多くの人へ」という点ではかつて生地製造の工業化や既製服の発展がもたらしたものと同じであり、グローバル・ブランドもファストファッションも需要に応じて存在しているのである。

3. 途上国とファッション

かつてヨーロッパの植民地またはそれに近い状況にあったアジアの途上国、中国、ヴェトナム、カンボジア、インドネシア、バングラデシュなどは、21世紀になるとグローバルな衣服製造・流通構造に組み込まれ、いくつかの国はそれを国家の経済的な生命線としている。

2005年、多国間繊維協定MFA（Multi Fiber Arrangement）が撤廃された。これは1974年に発効したもので、世界貿易機関WTOによる、1国が特定の国に輸出できる繊維と繊維製品の上限を定めた規定である。そもそもなぜこのような規制が設けられたかというと、第二次世界大戦後、繊維部門を中心に発展し

ていった日本、韓国、台湾などのアジアの新興国から当時の先進国である欧米の繊維産業を保護するためだった。日本などの国々が先進国の仲間入りをした後は、その規制対象は中国やインドへ移っていく。要するに、途上国では、人件費や工場整備にかかるコストが安く、製品価格も下げられるため、高いコストが価格にも反映されてしまう先進国の工業製品は価格の上で勝てないのである。その対策として、つまり概ねは先進国側の思惑を反映して、こういった協定が設けられていた。

　しかし一方で、中国やインドに制限を課し、より深刻な経済状況にあるバングラデシュ、カンボジア、モーリシャス、ネパールなどの国々からの輸入量に一定の割り当てを設けることで、これらの国々を市場参入させる手段ともなっていた。これが撤廃されるということで、中国の市場席巻が強く警戒されたのである。EUでは中国対策としてあらたな規定が設けられるが、出遅れたアメリカでは、廃止後数ヵ月間で中国製綿Tシャツ輸入量が10倍以上の増加となり、慌てて輸入制限が課された。日本やオーストラリアは輸入制限を設けなかったため、アパレル市場の約8割のシェアが中国に占められることになる。一方、途上国側では、バングラデシュ、カンボジアなど繊維産業を経済の生命線としてきた国に深刻な影響が及ぶと予測されていた。しかし2000年代末から2010年代になると、EUの途上国支援の一環として特恵関税が適用されるバングラデシュへと中国から拠点を移す企業も増えている。とはいえ2008年にアメリカとEUでの制限も撤廃され、中国製衣料品は世界を席巻している。

　しかし、こうしたアジアの途上国ほども産業が発達していない国々は、ファッションとどう関わっているのだろうか。あるエリアを例としてみてみよう。

　サハラ以南アフリカに「洋服」が入ってきたのは、19世紀、ヨーロッパに植民地化される過程でのことである。キリスト教団体の布教を兼ねた慈善活動、またあまり身体を覆わない衣生活を送っていた人びとを「文明化」するとの名目でヨーロッパから古着が持ち込まれた。たとえばタンザニアは1890年代から大部分がイギリスの植民地となったが、同じイギリス帝国に属すインド・パキスタン系商人がこの地に海を渡ってやってきて、以前から入っていたアラブ系商人もともに、古着店・新品衣料店を出すようになる。タンザニアが独立する

のはその半世紀以上後、信託統治領から共和国となった1960年代のことだが、その後しばらくは社会主義的な経済政策により市場活動は抑えられ、アジア系商人もこの地を去った。ところが、1970年代末から1980年代にかけてタンザニアは経済危機に陥る。衣料品も国営企業やキリスト教慈善団体からの供給だけでは賄えず、文字通り着のみ着のまま過ごさねばならない人びとがいるほど深刻な状況になった。やむにやまれぬ状況下で、周辺国から秘密裏に仕入れた先進国からの古着を売るブラック・マーケットが各都市に成立する。その後1984年に古着輸入が解禁され、1986年には経済が自由化されてインド・パキスタン系商人が戻り、元密輸業者らは彼らから仕入れた品物を街中の露天商に卸す中間卸売業者となり、先進国からの輸入古着がタンザニアの衣料品小売の大きな部分を占めるようになった。さらに2000年代になると、ここにも Made in China がやってくる。この中国製新品衣料品は私たちが知るものと比べても質が悪く、たとえばジーンズでさえ一度履いたら破けるような類のものが多いという。しかしタンザニアで流通する衣料品のなかではもっとも安く、また流行を取り入れたデザインではあるため、シェアは拡大している。一方で、伝統的な生地を用いて地元の仕立屋が仕立てる注文服は、質の上で最上とみなされる。つまり、ヨーロッパの植民地だった歴史、そして欧米など先進国、また中国という途上国であってもタンザニアより産業が発展した国との経済的関係を反映して、注文服＞古着＞新品既製服という、日本でのそれとは違う衣服ヒエラルヒーがタンザニアには存在しているのである。

　さらに、欧米から輸入される古着を隣国ザンビアでは「サラウラ」と呼ぶが、ザンビアでは、「サラウラ」を参考に、現地の伝統的な生地を用いつつ西洋風の型を取り入れた衣服が製作されている。主な担い手は地元の仕立屋だが、こうなればもうデザイナーと呼ぶべきだろう。しかし、南アフリカ共和国を除くサハラ以南アフリカでは、長年の植民地時代の負荷とその後の政治・経済不安のため資本蓄積が乏しく、彼ら新進デザイナーらがファッション産業と呼べるものにまで活動を発展させるには状況が厳しい。近年、こうした先進国以外のデザイナーらを「発掘」する試みがあるが、彼らにとって望ましいことは何か、世界に進出することなのか、地元に産業を育てることなのか、彼ら自身の現実

と将来の展望に即して考えねばなるまい。

3 》》 歴史を映し世界を結ぶ衣服

　私たちが身につける衣服1着1着が、世界の歴史と経済が織りなす構造の結晶となっている。18世紀にヴェルサイユの宮廷の女性が着たドレスは、リヨン産の絹を用い、アランソン産のレースで飾り、パリのモード商がデザインしてお針子たちが縫ったものだった。すべてフランス国内の素材で作ることができ、デザインも仕立も顔のみえる身近な人物がしていた。20世紀初頭、ニューヨークの街を歩く女性がまとった綿のブラウスとスカートは、西アフリカ出身の黒人が北アメリカで育てた綿花をイギリスの工場で織り、イギリスやドイツの化学染料で柄をプリントし、パリのパターンを使って、ドイツやポーランドやロシアから移民してきたユダヤ人がアメリカ製の裁断機とミシンで仕立てたものだった。時代を追うごとに製造・流通過程は世界にまたがり、世界を結びつけるものとなる。今、私たちが着ているTシャツとジーンズは、どこでだれが作ったものだろうか。どこで育った綿花から摘まれ、どこで紡がれ、どこで織られ、どこで染められ、どこで仕立てられたのだろうか。デザインはどこでだれが考えたのだろうか。そして、私たちが着た後に回収箱に放り込んだTシャツはどこに届くのだろうか。

　衣服はどこから来てどこへ行くのか。どういう場所から私たちの手元へともたらされ、どういう場所へと去っていくのか。そして、どういう過去から現れて、どういう未来へと向かうのだろうか。

■参 考 文 献

小川さやか『都市を生きぬくための狡知：タンザニアの零細商人マチンガの民族誌』世界思想社，
　　2011年
鹿島茂『デパートを発明した夫婦』講談社現代新書，1991年
角田奈歩『パリの服飾品小売とモード商：1760-1830』悠書館，2013年
富澤修身『模倣と創造のファッション産業史：大都市におけるイノベーションとクリエイティビティ』
　　ミネルヴァ書房，2013年
フィリップ・ペロー『衣服のアルケオロジー：服装から見た19世紀フランス社会の差異構造』大矢タカヤス訳，文化出版局，1985年

ピエトラ・リボリ『あなたのTシャツはどこから来たのか？：誰も書かなかったグローバリゼーションの真実』雨宮寛・今井章子訳，東洋経済新報社，2006年

Bergeron, Louis, éd. *La révolution des aiguilles: Actes du Colloque international d'Argenton-sur-Creuse, 11-12 juin 1993*, Paris, Éditions EHESS, 1996

Hansen, Karen Tranberg. *Salaula: The World of Secondhand Clothing and Zambia*, Chicago: University of Chicago Press, 2000

Lemire, Beverly. *Cotton*, London: Bloomsbury Academic, 2011.

Riello, Giorgio. *Cotton: The Fabric that Made the Modern World*, Cambridge: Cambridge University Press, 2013

コラム　鉄とガラスがもたらす光

　パリをはじめて観光で訪れた人は、皆ルーヴル美術館を訪れるだろう。観光客が写真を撮り、バスが行き交い、警官がローラー・ブレードで駆けめぐるルーヴルの中庭には、宮殿を背にして金属フレームとガラスのピラミッドが聳えている。1989年の建造前から多くの批判を浴びたが、大小３つのピラミッドは今やすっかりなじみのものとなった。1993年には地下ショッピング・センター側にも逆さピラミッドが造られ、地上に光を届けている。

　このガラスのピラミッドが批判された主な理由は、斬新すぎるデザインが宮殿にそぐわない、ということだった。しかし、ピラミッドという形はともかくとして、ガラスと鉄骨の建物なら、実はパリには18世紀から存在した。

　ルーヴルから北へ徒歩数分のところに、パレ・ロワイヤルという空間がある。1780年代、ここの主となったオルレアン公フィリップ、後のフィリップ・エガリテ (Louis-Philippe-Joseph d'Orléans, dit "Philippe Égalité", 1747-1793) は、借金返済のため、建物を改築し分割して貸し出すことにした。資金難に悩まされつつも数年の工事で３つの回廊が建てられ、現存はしないものの現在の回廊の基礎となる。うちひとつが鉄骨ガラス張りという最新技術を取り入れたトップ・ライトの回廊だった。パレ・ロワイヤルにはたちまちたくさんの服飾店やカフェが並ぶ。いわばこれがショッピング・モールの始まりである。当時は街路の舗装材はほぼ石だけで、それも行き届いてはおらず、道を歩けば泥や汚物で足下が汚れるものだった。店内にしても、中は倉庫同然、照明は蠟燭や灯火しかない上に、品物をよく見せずに高く売りつけるために室内は必要以上に暗い。それがここパレ・ロワイヤルでは屋根で風雨や汚泥を避けられ、ガラスを通して光も入るとなれば、人気が出るのも当然である。

　このガラス回廊竣工後数年でパリは革命に突入するが、1791年にはこれを真似た商業空間が造られる。この時造られたのは街路上方、建物と建物の間にガラス屋根を

つけた通りで、フランス語でパサージュまたはギャルリと呼ばれる。1818年にはロンドンにも英語でアーケードと呼ばれる光を通す屋根を伴う通りが出現する。屋根の形状も、当初は天窓を穿つ形だったが、しだいに鉄骨ガラス張りへと発達していく。この頃には18世紀末にマンチェスターで最初に導入されたガス灯が広まりつつあり、ヨーロッパの人びとははじめて明るい夜を経験している。昼間の室内でもさらなる明るさが求められるようになったのかもしれない。

　19世紀半ば以降、こうしたガラス屋根の商業空間は、大規模化しつつ全ヨーロッパに広まった。ミラノやナポリのガッレリア（ギャルリのイタリア語）などが有名だが、20世紀初頭までに約300のパサージュが造られ、一部が各地に現存する。トルコ、北米、南米、オセアニアなどでも、19世紀造のパサージュが今も商用利用されている。さらにガラス屋根はこの頃台頭しはじめるボン・マルシェをはじめとした百貨店にも採用され、モスクワのグム百貨店はこれを通廊状に取り入れた。パリでは中央市場レ・アルもガラス屋根になる。パリを皮切りに都市改造を終えた19世紀後半のヨーロッパ大都市では万国博覧会が次々と開催されるが、ここでも鉄やガラスの建造物が人気を博す。第1回の1885年ロンドン万博ではクリスタル・パレスが、1889年パリ万博では、ガラス張りでこそないが鉄フレームを剥き出しにしたエッフェル塔が造られて、その外観や高さに非難もあったが近代的建造物と讃えられ今に至る。1900年パリ万博では現在もコレクションなどでよく利用されるグラン・パレが建てられた。

　鉄はきわめて19世紀的な工業産品であり、鉄が大量生産できるようになったからこそ鉄道網も拡大し、人とモノの往来も容易になった。鉄フレームの建造物、そこに張られたガラスを通して差し込む光は、19世紀の人びとにとって、彼らが生きる新時代の光、近代の光だったのだろう。

　この鉄とガラスの「新しい」イメージは現代にも続き、だからこそルーヴルのピラミッドは「斬新すぎる」と批判された。そして現在も、新鮮なイメージを求めるショッピング・モールに金属フレームとガラスによる採光はつきものである。たとえば2012年にオープンした「渋谷ヒカリエ」は、ガラス張りの壁を備え、名前からして「もっと光を」と訴えている。ルイ・ヴィトンは2014年、ブローニュの森にガラスと鉄のアートの殿堂を完成させた。鉄とガラスは、200年来、私たちに「新しさ」を感じさせ続け、商業空間や文化施設に光を与えている。

（角田　奈歩）

Chapter 10

ラグジュアリーブランドの社会貢献、文化貢献

横井由利

　20世紀のラグジュアリーブランドに求められていたものは、すぐれた品質とクラフツマンシップにのっとった、確かなもの作りだった。つまり、ラグジュアリーの基準は、上質のマテリアルを使用し、どれだけ多くの時間と人の手を費やしたかによりその価値が計られ、稀少な存在として成立しているのだ。さらに広告などのイメージ戦略によって付加価値が生み出され、「ヘリテージ（遺産）」「アーカイブ（資料保存機関）」といった言葉を用いることで、他ブランドとの優位性を際立たせ、その証とした。

　ところが、1990年代に入り、地球環境の変化に伴いサスティナブル[1]（持続可能）な社会を目指そうとする気運が高まると、ラグジュアリーブランドは、ファッション界のリーダーとして、環境や人権などの社会的な問題に対し責任を果たし、さらに社会貢献することが必然となった。また、文化の一端を担うものとして、積極的にメセナ活動を行うことも「ラグジュアリー」の条件に加えられていった。時代がもたらした「ラグジュアリー」に対する価値観の変化をラグジュアリーブランドはどのように進化させているのか述べていく。

1 》》 進化するラグジュアリーブランド

　1964（昭和39）年、東京オリンピックの年に、東京・銀座並木通りに海外のラグジュアリーブランドを取り扱う日本初のセレクトショップ「サンモトヤマ」がオープンした。創業者であり、元会長の茂登山長市郎（以下、すべて敬称略）は、その経緯を自書『江戸っ子長さんの舶来屋一代記』に記している。

　それによると、パリにはルーヴル美術館の近くにエルメスがあり、マドリッドにはプラド美術館の近くにロエベ、フィレンツェにはウフィツィ美術館の近くにグッチがあることから、ラグジュアリーブランドというものは、創業した

土地に息づく文化とともに、時を刻んでいることに気づいたという。以来「サンモトヤマ」は、単にものを売る店ではなく、「世界中の文化と美しいものを売る店」をコンセプトにした。これを起点に、わが国のラグジュアリーブランドの歴史がスタートしたといっても過言ではない。

　ラグジュアリーブランドのルーツは、家内手工業の工房であった。そこでは、親から子へ受け継がれる素材の選別眼と職人技による伝統的な製品が作られ、その地方の経済的な繁栄に貢献するとともに、伝統工芸となり文化を支えた。

　20世紀の初頭には地場産業的な工房は、親族が経営する企業となり、第二次世界大戦が終わると、ヨーロッパの国々を経てまずアメリカへ進出した。「サンモトヤマ」がオープンした1960年代は、ラグジュアリーブランドが日本進出を始めた頃でもあった。

　1980年後半になると老舗ラグジュアリーブランドは、コングロマリット[2]に吸収されていく。コングロマリットは、経済的な安定と異業種間の異なる発想から生まれるシナジー（相乗作用）効果により、新しい創造が生み出されるというメリットもあり、老舗ラグジュアリーブランドは活性化された。

　コングロマリットによって大企業と化したラグジュアリーブランドは、1990年代に入るとアイデンティティの見直しをはじめた。ファッション誌やTVは、ブランドのアーカイブを繙き、伝統を守りながら革新を続ける、ラグジュアリーブランド＝老舗ブランドという構図の特集をさかんに行うようになった。

　しかし、21世紀を迎える頃になると、ラグジュアリーブランドは、これからの100年を見据えた再ブランディングを始め、社会的な責任を果たし、社会に貢献することが、サスティナブル（持続可能）なブランドになるという結論を導き出した。それは、ラグジュアリーブランドが発信する、新しい時代へのコミットメントでもあった。

2 ≫ ラグジュアリーブランドの社会貢献

1. ラグジュアリーは、元来サスティナブル

老舗と呼ばれるラグジュアリーブランドは、美しい自然に育まれたクオリティ

の高い素材を用い、クラフツマンシップに裏打ちされた丹念なもの作りは現在も変わることはない。しかも、その製品が壊れたり傷ついたりしてもメンテナンスができる工房を今も備えているブランドがラグジュアリーの条件を満たすとされている。さらに1990年代に入ると、自然の恩恵を受けてきたラグジュアリーブランドは、自然を存続させるための社会的な責任を果たすという意識を打ち出すようになった。

　1970年代にすでに問題視されていた環境破壊が進む地球温暖化をくい止めようとする動きは、1990年代に加速していく。1992年国連の主導によりブラジルのリオデジャネイロで「地球サミット」が開かれた。さらに1997年に京都では，温暖化の原因とされる CO_2 をはじめとした温室効果ガスの削減目標値をテーマに会議が行なわれ、世界レベルで削減目標を明確にした「京都議定書」が採択されるなど、国を越えた環境保全が活発になった。家庭や個人レベルでエコバッグの携帯や分別ごみのリサイクルといったエコ意識が浸透したのもその頃のことだ。

2．ラグジュアリーブランドの CSR 活動

　20世紀の中頃になると企業は生産性の向上に務め、大量消費、大量廃棄という循環こそが経済的な繁栄をもたらすとし、経済力をつけた消費者もまたそれを享受した。企業化したラグジュアリーブランドも、魅力的な商品開発に注力し、歴史に培われたクラフツマンシップを全面に打ち出した製品は、本物を志向する消費者のステータスとなった。

　21世紀を目前に控え、環境保護の動きに端を発した「サスティナブルな世界の創造」を目指す動きが活発になってくると、企業の社会的責任を意味するCSR（Corporate Social Responsibility）が機能し始めた。CSR とは、顧客、株主、取引先、従業員、地域社会などの関係を重視し、利益の追求のみならず自社商品のベストな品質管理、環境問題の解決、人道的な支援などにより社会との信頼関係を構築するというものだ。

　こうした世のなかの流れに伴い、ラグジュアリーブランドもまた、著しい環境変化や社会的に広がる格差への解決に向けて、誠実な企業の姿勢を明らかに

するために CSR の取り組みを活発化させている。

　ルイ・ヴィトン・ジャパンは、「豊かな自然はラグジュアリーである」として、自然との共存を目指し、2009年より森林再生プロジェクトをスタートさせた。このプロジェクトは、世界で活動する森林保全団体、音楽家の坂本龍一率いる一般社団法人モア・トゥリーズとのコラボレーションによるもので、「森の美しさ」を再発見するために、長野県小諸市の浅間山の標高1300m 付近に約104ha という「ルイ・ヴィトンの森（Louis Vuitton Forest by more Tree）」を誕生させ、自然環境保全の活動を行っている（モア・トゥリーズは故坂本龍一の跡を継ぎ、隈研吾が代表を務めている）。また、2011年3月11日の東日本大震災で甚大な被害を被った宮城県気仙沼市では、牡蠣の養殖業を営む畠山重篤（国連森林フォーラムより「フォレスト・ヒーロー」の称号が与えられた）が提唱する豊かな海のためにはその源泉にある豊かな森が必要であるとする「森は海の恋人運動」に賛同し、被災地の支援を行った。

　一方、トレンチコートで有名なロンドンの老舗バーバリーもまた、CSR の一環として、未来を創る若者たちを積極的に支援するラグジュアリーブランドだ。バーバリーは創業の頃、探険家にコートを提供していたことから、現在の探険家ともいえる若者が描く夢と創造力をサポートするために、2008年にバーバリー基金を設立した。若手アーティスト支援のためバーバリーの公式サイトや SNS を活用してパフォーマンスの機会を提供する音楽プログラム「バーバリー・アコースティック」を2010年にスタートした。それを発展させて、慈善事業を行っている主要な組織と提携し、(Science ＝科学、Technology ＝技術、Engineering ＝工学、Arts ＝アート、Maths ＝数学、それぞれの頭文字をとった) STEAM 教育を推進し教育格差をなくす活動を行っている。

　企業の CSR 活動は、社会が抱える環境問題や人権問題に真摯に向き合い解決していこうとする責任の表れである。サスティナブルな企業を目指すラグジュアリーブランドは、CSR 活動をさらに進めた社会貢献が必然となっている。

3．女性のための人道支援

　フランス企業グループの PPR は、2013年にケリングと社名を変更した。異

業種にまたがるコングロマリットから業態変更したケリングは、現在アパレル
とアクセサリー（靴、バッグなどの皮革製品がメイン）のカテゴリーに特化したグロー
バル・リーダーを目指し、ラグジュアリーブランド（グッチ、サンローラン、ステ
ラ・マッカートニーほか14社）とスポーツ＆ライフスタイルブランド（プーマ、ボル
コム他3社）のグループを再編成した。

　ケリングには、ビジネスに関わるすべての人と、環境を大切にケアするとい
う意味が込められている。フランソワ＝アンリ・ピノー会長兼CEO（以下ピノー
とする）は、企業文化＝理念をグループ名とし、「サスティナブルなビジネスは
スマートなビジネス」であると明言、その必要性を強調した。また、サスティ
ナビリティは、製品のクオリティに内包され新たな価値を生み出すものと位置
づけている。

　グループ内の各ブランドは、サスティナビリティのターゲット目標を設定し、
環境負荷、原材料の調達、倫理の遵守の達成に向けた取り組みが義務づけられ、
環境負荷の少ない素材の研究開発においては、ブランドを越えた協力体制が敷
かれている。

　ケリングは、旧PPR時代の2009年、現ケリング基金（当初はPPR基金とした）
を立ち上げ、女性に対する暴力撲滅の活動をはじめた。ピノーは、ケリングの
ビジネスターゲットの多くは女性で、社内でも全体の58％が女性社員、マネー
ジャー（部長職）の半数が女性と（2013年末調べ）、企業として女性に負うところ
が大きいことから、女性をサポートすることは必然と考えている。また、世界
中の女性の3人にひとりが、生涯において一度は暴力の被害を受けたことがあ
り、世界の8億7500万人の非識字人口のうち、66％以上が女性であること、学
校にも通えず教育を受けられない子どもの3分の2が少女であるという現実に
対してフランソワ・ピノーは、この事態に立ち向かい、世界中の少女と女性へ
教育、健康、公正をもたらすために「少女と女性のエンパワーメント[3]」の活動
を続けている。

　2013年、グッチは、フランソワ・ピノーの妻であり世界的な女優サルマ・ハ
エック・ピノー、グッチの当時クリエイティブ・ディレクターのフリーダ・ジャ
ンニーニ、ポップス界の女王ビヨンセ・ノウルズ・カーターの3人を発起人と

して、世界中の少女と女性のエンパワーメントを支援する「CHIME FOR CHANGE」というグローバルキャンペーンを開始した。「CHIME FOR CHANGE」は、少女と女性たちが教育、健康、公正の権利が与えられること、ジェンダー平等を目的とする。パキスタンの少女マララが「教育を受けたい！」と主張しただけで銃撃され、それでも果敢に立ち向かい教育を受ける姿が、世界中で報道された時期とキャンペーン開始の時期が重なったこともあり、この活動の重要性が増したことが世界にアピールされた。2014年には、キャンペーンの認知度を上げるために、マドンナ、ビヨンセほか20人以上のアーティストが参加したチャリティーコンサートをロンドンで開催し、その収益の付加価値税とサービスフィーを除いた金額が、女性支援に特化したNPO団体などに寄付された。

　グッチはジェンダー平等と自己表現の重要性を訴えコミュニティの声を伝えるために、「CHIME FOR CHANGE」の新しい存在理由となる雑誌『CHIME』を2019年に創刊し、アーティストや活動家の声を発信している。同時に、環境への負荷を減らし、自然環境を守るための「Gucci Equilibrium」という取り組みを開始した。2021年にブランド創設100年を迎えると、サセティナビリティ戦略をより強化することを表明した。

　これからのラグジュアリーブランドは、利益の追求ばかりか、環境問題を含む社会的な問題解決にも尽力することで、ブランド認知度とバリューが向上する時代になってきたのだ。

図10-1 「CHIME FOR CHANGE」の発起人、左からサルマ・ハエック・ピノー、フリーダ・ジャンニーニ、ビヨンセ・ノウルズ・カーター（取材協力　ケリングジャパン）

3 ≫ ラグジュアリーブランドの文化貢献

1．ヨーロッパ型パトロンの精神

　欧州では、古くから美術、音楽、ダンスなど芸術家の活動に必要な経済的、物質的な支援をするパトロンが存在した。15〜16世紀のフィレンツェにルネッサンス芸術が花開いたことは、パトロンと呼ばれた王侯貴族や富豪メディチ家の存在なしにはあり得なかったことといわれている。ただ当時の芸術は、一部の特権階級が擁護し鑑賞する、閉ざされた世界のものであった。教会もパトロンの役割を果たすが、絵画は宗教画の範疇とされ、芸術とは区別されていた。

　ナポレオンによって1793年にルーヴル美術館が開設され、19世紀に入ると美術館が次々に誕生し、音楽においても王侯貴族だけが楽しめるサロンから、大衆にも開かれたコンサート・ホールが出現した。それらにまつわる出版社、ジャーナリスト、画商、入場料を払う一般市民もパトロンとなり、芸術は大衆のものになっていった。

　現在のパトロンは、王侯貴族などの特権階級から篤志家もしくは企業へ引き継がれ、最近ではパトロネージュ＝企業のメセナ活動、と称されている。企業は非営利の財団を作り企業の経営とは一線を画した活動が行われる場合もある。しかしブランドも財団も母体が同じであるため、財団のメセナ活動は企業の理念と合致しているといえる。

2．財団によるメセナ活動

　ラグジュアリーブランドもしくはその財団のメセナ活動は、主に現代アートを対象としている。過去の有名芸術家のアートへの投資は投機的な意味合いを含み、メセナの理念と相容れないものがあるからだ。また無名有名を問わず今を生きるアーティストは、未来を予感しそこにある問題をアート作品に表現することで未来を切り拓こうとする。ラグジュアリーブランドの多くが、現代アート支援に動くのは、こうしたアートの力を信じるからでもある。

　165年以上の歴史を誇るフランスのジュエラー、カルティエは、1984年に、アート支援を行うカルティエ現代美術財団をパリ郊外のジュイ・アン・ジョザ

スに設立しメセナ活動を開始した。財団は1994年にモンパルナスに近いラスパイユ大通りの閑静な住宅街に建物を移転した。広い庭に建てられたガラスの建物は、フランスを代表する先進的な建築家ジャン・ヌーベルの設計によるものだ。そのモダンな建物では、現代アートを中心に、年4〜5つの展覧会が開かれ、30年目を迎えた2014年までに150もの企画展や個展を開催してきた。

　財団設立の2年後、当時の会長を務めていたアラン=ドミニク・ペランは、当時のフランソワ・レオタール文化大臣から、メセナに関する調査を依頼され、その報告書のなかでメセナに関する税務措置を含む、法律作成の必要性を訴えた。そして1987年メセナに関する法律は可決された。法律に基づき、カルティエは現代アートのパトロンとして認定されたのだ。

　財団の基本原則は、①有名アーティストだけではなく、若手アーティストの展覧会を行う。白紙委任状を受け取った若手アーティストには、制作期間中のアトリエと住居、制作にかかる費用などが提供され、自由な創作が約束される。一方有名アーティストには、自身の新しい一面を引き出す作品の依頼。②アーティストへ作品を発注し、その作品はカルティエ財団のコレクションとする。③定期的に企画展を開催する。企画展は、テーマを設け、アーティストだけではなくデザイナーの作品など、ボーダーレスな構成であること。④財団で展覧会を開いたアーティストと、カルティエの営利活動とを混同しないこと。この4つの原則を遵守することで、財団のサスティナビリティは保たれているのだ。

　財団は、日本の文化に造詣が深く、村上隆、三宅一生など、いち早く日本人アーティストの展覧会を開催したこ

図10-2　カルティエ現代美術財団の外観
（© Jean Nouvel / Adagp, Paris　Photo: © Luc Boegly）

とでも知られている。最近のものでは2010年、北野武による『Beat Takeshi Kitano, gosse de peintre（ビートたけし／北野 武「絵描き小僧」）』展が開催され、コメディアン、役者、映画監督といくつもの顔をもつ北野武の知られざる一面を紹介した。この展覧会は、2012年東京オペラシティ・アートギャラリーで巡回展が行われ多くの来客者を集め、日本におけるメセナ活動を行うカルティエの認知度とイメージ向上という結果をもたらした。また、パリでの展覧会やその後の巡回展は、世界15ヵ国に及ぶカルティエのブティック同士の連帯感と円滑なコミュニケーションにも役に立っている。

　イタリアの老舗プラダもまた、現代アートのパトロンといえる。プラダのデザイナー、ミウッチャ・プラダと夫でありCEOのパトリッツィオ・ベルテッリは、現代アートへの好奇心が高じ、1993年にプラダ財団の前身、アートの実験的な展示空間プラダ・ミラノ・アルテを設立した。ミウッチャは、この時代においてもっとも深遠で示唆に富むアートプロジェクトを世界に発信するためと、設立当初のコメントでその目的を語っている。

　ミウッチャとベルテッリは、2年後の1995年、著名なキュレーターのジェルマーノ・チェラントを迎え、アート、写真、映画、デザインを支援する非営利のプラダ財団を設立。財団は、意欲的なコンセプトを提示するアーティストに対して、新作となる作品の制作をサポートし展覧会を開催する場を与えている。財団には、展覧会を行ったアーティストとその作品を学術的に分析した研究論文を作成したり、財団の展覧会、世界各国にあるブティックやアートスペースの建築プロジェクトにまつわる重要なカタログを製作する出版部門も設けられている。また、ヴェネツィアの歴史的なパラッツォ（宮殿）「カ・コルネール・デッラ・レジーナ」に展示スペースを設け、アート活動を続けている。そのほかにも財団は、ミラノ南部に位置するラルゴ・イサルコの広大な敷地に、企画展や財団のコレクションを常設展示する建物を建設し、2015年にオープンした。

　2001年に財団を設立したルイ・ヴィトンもまた、2014年秋に、ブローニュの森にイギリス人建築家フランク・ゲイリーがデザインしたミュージアム「フォンダシオン ルイ・ヴィトン」をオープンした。

　このようなラグジュアリーブランドのメセナ活動は、パトロンとしてのアー

ト支援にとどまらず、アート指向がある顧客とのコミュニケーションを円滑に
し、アート関連の人びととの新しいネットワークがつながっていく。メセナ活
動を通してブランドを知る消費者もいれば、ブランドのもの作りに共感する顧
客がメセナ活動から時代の潮流や文化を知ることもある。相互作用をもたらす
多元的な広がりが現代の文化貢献の形であり、ラグジュアリーブランドの役割
ともいえる。

3. 自国への帰属意識と文化支援

　イタリアのラグジュアリー・レザー・ブランド、トッズを率いるディエゴ・
デッラ・ヴァッレ会長兼CEO（以下デッラ・ヴァッレとする）は、イタリアのす
ぐれた品質と技術を有するクラフツマンシップを誇りとし、クラフツマンの伝
統を後世へ継承することが、企業としての責任と考えている。同時に、母国イ
タリアのヘリテージ（遺産）を守る重要性を感じ、イタリア国内に特化したメ
セナ活動を行っている。

　イタリア屈指のオペラとバレエの殿堂ミラノスカラ座にトッズ社が資金援助
すると、スカラ座のバレエ団は、トッズのシューズ制作工程をダンスで表現し
た短編映画をトッズに返礼として渡した。それを機に2011年トッズは、スカラ
座基金のメンバーとなった。また、世界遺産・ローマのコロッセオ修復支援プ
ロジェクトを立ち上げ、2013年〜2016年の第一期工程、2018年〜2021年第二期工程修復にかかる多大な経費をローマ市に寄付した。

　さらに、デッラ・ヴァッレは個人の活動としても、トッズ本社があるマルケ州に子どもたちが理想的な教育環境で学べる小学校を設立、教育面での支援を続け

図10-3　トッズがコロッセオの修復に貢献する発表会
（写真提供　トッズ・ジャパン）

ている。

　イタリアへの帰属意識が非常に強いと自他ともに認めるデッラ・ヴァッレの
文化貢献は、世界的に貴重な遺産を保有するイタリアに対する自負とリスペク
トの念によるものにほかならない。

4．日本発の文化貢献

　老舗のラグジュアリーブランドは、もとをたどると、ひとりの職人やアーティ
ストが始めたものだ。シャネルの創始者ガブリエル・シャネルもまた、みずか
ら帽子やジャケットを作り、そこに新しい時代の女性像を表現した職人であり
アーティストだった。その後、成功を収めたシャネルは、若くて才能のあるアー
ティストへの支援を惜しまなかった。

　「ファッションは、アートととても近いところにあります。ガブリエル・シャ
ネルの DNA を受け継ぐブランドとして、芸術家を支援するメセナ活動を行う
のは特別なことではありません」と、シャネル日本法人の2018年まで代表取締
役社長を務めたリシャール・コラスは言う。シャネル銀座ビルでは、世界中の
シャネル・ブティックのなかで唯一、独自の視点でメセナ活動が行われている。

　2004年銀座大通りにオープンしたシャネル銀座ビルは、1〜3階がブティッ
ク、4階にはアートスペース「シャネル・ネクサス・ホール」が設けられた。
このシャネル・ネクサス・ホール（以下ネクサス・ホールとする）は、日本法人の
シャネルが運営する非営利の文化施設だ。ネクサス・ホールの「NEXUS」と
は「結びつき」を意味し、音楽やアートとの出合い、このホールに集う人たち
同士の出会いの場として作られた。

　このホールでは、1年間に5人の若手音楽家にコンサートの場を提供する
「シャネル・ピグマリオン・デイズ」を年間約40回開催している。このコンサー
トの名称は、無名時代のピカソや、音楽家イーゴリ・ストラヴィンスキー、芸
術家ジャン・コクトー、映画監督のルキノ・ヴィスコンティなどの芸術家を支
援したガブリエル・シャネルが「ピグマリオン（ギリシャ神話に登場し、才能を信じ、
支援して、開花させる人）」と呼ばれたことに由来する。また、そのスペシャルコ
ンサートとして、アメリカの非営利団体 TIOW とのコラボレーションによる「ヤ

ング・コンサート・アーティスツ・フェスティバルウィーク」が6月に1週間開かれている。「日本には本格的なコンサート・ホールはあっても、チェンバー（室内楽）のホールは少なく、若い音楽家たちは、観客の間近で演奏する機会も少なかったのです」とコラスは言う。そこで、音楽家が観客の反応を間近で感じられるホールを作ることにした。演奏が終ると、その日の楽曲を言葉で説明し、観客とのコミュニケーションを図る機会が設けられている。

ネクサス・ホールは展覧会場にも姿を変え、展覧会は写真展を中心に絵画、彫刻展など年間4〜5のプログラムが開催されている。若手、もしくは日本でまだ紹介されたことのない作家を選出し、会場の提供はもとより、展示物の制作からセノグラフィ（空間演出）に至るまでサポートする。ある時、無名なフランス人女性写真家から、生まれ故郷アフリカのマリで行われるカラフルな結婚式の様子を撮影し、写真展を開きたいと申し出があり、コラスは彼女の熱意と才能を信じアフリカまでの渡航費と展覧会の費用を約束した。ガブリエル・シャネル同様、彼もまたピグマリオンなのだ。

銀座のシャネル・ブティックでは、インテリアの一部となったいくつものアート作品が来客者を迎えている。2014年、リニューアルを終えた3階には、ジャンミッシェル・オトニエルの、シャネルのアイコン、パール・ネックレスを思わせるオブジェが置かれた。これは顧客に対してのメセナ活動でもある。

図10-4　シャネル　ネクサス・ホールのコンサート会場
（写真提供　シャネル株式会社）

シャネルが、メセナ活動を行う理由は、①ピグマリオン的なアーティストへの支援、②シャネルをまるで知らない人たちとも芸術を通して価値観を共有し、シャネルの理念を普及する、この2点だ。これまでシャネルのプロダクツ・イメージは常に高いクオリティを保ち、女性たちを魅

了してきた。

　それと同じように、今後のメセナ活動は、コーポレート・イメージのクオリティを左右し、ブランディングの重要なパートを担うことは間違いないだろう。

4 ≫ アメリカ型社会貢献

1．コーズ・マーケティングと SNS の活用

　アメリカのラグジュアリーブランドが行う社会貢献は、困難な生活を余儀なくされている人びとに対するソリューション（問題解決）に重きが置かれている。その貢献のベースには「ノブレス・オブリージュ（富めるものは公平に分け与える）」という発想があり、企業は利益のみを追求するのではなく、日常的に社会貢献を行い、いかに効果的に貢献できるかというシステムを構築している。

　そのひとつが、特定のものを買うと売り上げの一部がドネーション（寄付）されるコーズ・マーケティング[5]という手法で、消費者もともに社会貢献に参加するというしくみだ。さらに、支援活動を行うブランドがセレブリティの協力を得て、独自のソーシャルネットワークを通じて広告し、その情報を拡散し支援の意識を喚起する方法もある。

　2014年にアメリカで始まり、旧Facebook（現：Meta）のCEOマーク・ザッカーバーグやマイクロソフト元会長ビル・ゲイツも参加した「アイス・バケツ・チャレンジ」は、ALS（筋萎縮性側索硬化症）という難病の研究や患者にドネーションする支援活動として日本にも波及し、多くの著名人が参加した。このチャレンジはソーシャルネットワークでの拡散はいうまでもなく、TV、雑誌などのメディアにも取り上げられ社会現象となった。情報化社会では、こうしたSNSを活用した社会貢献活動は、今後ますます広がるに違いない。

2．コーズ・マーケティングとは

　ラルフ・ローレン社が行う社会貢献「ピンク・ポニー」キャンペーンは、ラルフ・ローレン自身が、友人を乳がんで亡くしたことを機に、女性が健康な身体で、おしゃれを楽しんでほしいという願いを込めて2004年にスタートした、

乳がん撲滅の活動をベースにしたものだ。現在では、すべてのがんを対象に、検診、早期発見、治療、研究や患者支援プログラムをサポートしている。

　毎年、世界各国のラルフ・ローレン社で「ピンク・ポニー」キャンペーンがくり広げられ、2013年、日本では、ラルフ・ローレンブランドを代表するリッキーバッグをピンク・ポニー色の限定カラーで販売し、売り上げの25％を公益法人日本対がん協会に寄付した。キャンペーンのアイテムは年によってＴシャツなどに変わり、売り上げの率やドネーション先も変わる。2014年には、識字率の低い国の子どもたちに向けて教育支援をする新しいキャンペーンが始まり、ラルフ・ローレンブランドのすべての子ども服で、売り上げの一部が寄付されることになった。成熟したマーケットで展開されるコーズ・マーケティングが遺憾なく発揮された。

　また、東日本大震災の際にラルフ・ローレン社は、世界中の社員に募金を募り、集まった金額と同じ額を本社が加えるマッチ・ドネーションによって、日本に義援金を贈った。一部の裕福な人だけが社会貢献を行うのではなく、財布に入っている少しのお金を寄付するだけで、困難に立ち向かう人びとの生活に寄り添うことができる慈善活動が身近にあるのも、アメリカの社会貢献の特徴といえる。

３．情報化時代の社会貢献

　アメリカン・ラグジュアリー・ウェアのデザイナー、マイケル・コースがキャリアをスタートした、80年代のニューヨークでは、AIDS が猛威を振るっていた。当時、AIDS や重篤な病に苦しむ人びとに食事を提供する非営利団体 "God's Love we Deliver（以下 God's Love とする）" の活動に賛同したマイケル・コースは、みずから食事を作り病気の人に届けるボランティアを始めた。God's Love へのサポートは20年以上にわたり、2012年には、マイケル・コース社の従業員が、勤務時間内に God's Love で食事を作るボランティアを行い、その年は500万ドル（約４億円）もの寄付を行った。

　さらに2013年には、飢餓に苦しむ人たちをサポートする国連 WFP（国際連合世界食糧計画）と、長期パートナーシップを結び活動の範囲を広げた。国連

WFP は、社会的弱者に食糧を支援する団体で、年間9000万人もの人に食糧を
提供している。

　国連 WFP と協力して行った活動は、以下の４つがあげられる。①自社のサ
イト内に国連 WFP のサイトとリンクさせたマイクロサイトを立ち上げ、簡単
に寄付ができるしくみを構築。②女優などのセレブリティの協力を得て、飢餓
撲滅の広告キャンペーンを実施。③ "100 Series" と称したチャリティ限定の
時計が１点売れるごとに100人の子どもたちに食糧を提供する活動（半年以内で
すでに100万食以上を提供した）。④マイケル・コースの飢餓撲滅キャンペーンにア
カデミー女優のハル・ベリーが参加しさらに活動の輪を拡大させた。

　2013年10月16日の世界食糧デーには、世界５都市（ニューヨーク、東京、ベルリ
ン、香港、リオデジャネイロ）にあるマイケル・コースのショップでは "Watch
Hunger Stop" キャンペーンのTシャツが無償配布され、着用して撮影した写
真を SNS で拡散するという世界的なイベントが行われた。

　マイケル・コースが展開する、キャンペーン、イベント、チャリティ商品の
販売は、Facebook、Twitter（現在 X）、Instagram などソーシャルメディアを
活用し、世界に拡散する、アメリカ式貢献活動の最新メソッドといえる。

■注

▶ 1　サスティナブル sustainable とは「持続可能な」という意。現在はもとより将来に向けて持続
　　　的に、よりよい社会環境と自然環境の保全に努めようとするもの。1987年、国連に設置された
　　　環境と開発に関する世界委員会（WCED）は「われわれ共有の未来」と題した報告書のなかで
　　　「sustainable development 持続可能な開発」という新しい概念を提示した。

▶ 2　コングロマリット conglomerate とは異業種をグループ化して多角的に経営する複合企業を指す。

▶ 3　エンパワーメント empowerment とは、人びとに夢や希望を与え、人間が潜在的にもつ力を発
　　　揮できる平等で公平な社会を実現しようとする概念。

▶ 4　クラウドファンディング crowed funding とは、イベントを催したり寄付を募るために、インター
　　　ネットを通して不特定多数の人びとに資金提供を呼びかけるシステム。

▶ 5　コーズ・マーケティング cause marketing とは、ある限定された商品を購入すると環境保全や
　　　人道支援などの社会貢献ができるシステムで、ブランドの販売促進キャンペーンの手法であり、
　　　企業イメージの向上にもつながる。

■参考文献

茂登山長市郎『江戸っ子長さんの舶来屋一代記』集英社，2005年
高階秀爾『芸術のパトロンたち』岩波書店，1997年
深谷哲夫『ホール・パーソン・カンパニー：メセナがひらく「全人格企業」の未来形』時事通信社，

1994年
『ニューズウィーク日本版』CCC メディアハウス，2010年5.5/12号
VANITY FAIR ITALY, Condé Nast ITALY 16 Febbraio, 2011
Cartier：30years For Contemporary Art, 36, 2014

コラム　コレクションは形態を変えていくのか

　パリ、ミラノ、ニューヨーク、ロンドン、東京の主要都市で年２回開かれるコレクションは、ファッションに携わるアパレル（生産業）、リテイラー（小売業者）、ファッション関連メディアにとって半年間のビジネスを占う重要な催しである。

　パリのオートクチュール組合に加盟したブランドが集まり、一定の期間中コレクションを開催する現在のスタイルとなったのは1970年代初頭。コレクションで発表された服は、約半年後に市場へ登場するまで厳しく情報統制され、新聞以外のマスコミではコレクションから３〜４ヵ月後に誌面で紹介するのが当たり前、当然ランウェイの写真はプレスパスを取得したフォトグラファー以外撮影を許可されない時代だった。

　1990年代に入り、インターネットによる情報化社会が本格始動すると、コレクションのあり方も転換期を迎えた。90年代半ばサンディカのジャック・ムクリエ会長は、コレクションから３ヵ月以内のネット配信を禁止する声明を発表した。

　ところがコンピュータ普及の勢いはとどまるところを知らず、21世紀を目前に控えた1999年アメリカのコンデナスト社（大手メディア企業）は、STYLE.COM というファッション情報サイトをオープンした。STYLE.COM の最大の特徴は、ショーが終わると、翌日には取材したブランドの全ルックをサイトにアップし（最近は、リアルタイムで写真だけ先にサイトへアップするようになっている）しかも新聞以上の早さとボリュームでショーをレポートし、コレクションの情報を無料で提供するのだ。さらに人気ブランドは、「フロント・ロウ（最前列）」という、ショーに訪れた女優やミュージシャン、有名エディターなどのセレブリティを紹介する項目を設けた。また、実際のフロント・ロウでなければなかなか細部まで見ることができない、モデルのヘア・メイク、バッグ、シューズ、アクセサリー、ウェアの特徴的な部分を詳細に紹介する「ディテール」という項目も用意された。

　コレクション会場の外では、プロ、アマ混在してのファッション・スナップがさかんとなり、ショーを訪れるセレブリティのファッションは、即日マスコミのサイトや個人のブログにアップされる。独自の視点をもつブロガーは、多くのフォロワーをもち、結果として自身がセレブリティとなり、そのうちショーの招待状が届くようにな

るとジャーナリストさながらのコレクションレポートをする者まで現れた。すると今度はブロガーが、STYLE.COM（現在この情報サイトは VOGUE RUNWAY となった）のフロント・ロウを賑わせることになった。情報化社会が生み出した現象は、社会のシステムを変容させたのだ。しかし、アマチュアとしてのブロガーの存在は一時的との見方もあり、今後の動向を見守る必要がありそうだ。

　2008年に起きたリーマンショックは世界中の経済を冷え込ませた。その年の秋に開催されたコレクションは、不安定な経済状況を受けて、ショーを縮小したり取りやめるブランドも出た。たしかに1回15分から20分で終わるショーのために何千万円も使うより、ウェブサイトで配信するか展示会で十分だという意見も出現し、ウェブ配信の必要性が高まった。ただ、ファッションにはファンタジーやニュアンスという合理性には欠けるが、人びとを感動させ熱狂させる力があり、ショーはそれを増幅させ、その場に居合わせたジャーナリストやバイヤーのコメントによって、その信憑性が増すものだ。

　2014年9月に行われたシャネルのショーは、ラグジュアリーなブランドの対極にあるショッピングセンターをグラン・パレに作りくり広げられた。約3000人の招待客は、会場に入ったとたんだれもが呆気にとられた。食料品から日用雑貨までシャネルマークが付いたものが陳列された、本物のシャネルショッピングセンターへ迷い込んだような錯覚は、新作のモードをまとったモデルが登場してもしばらく続いた。1点1点の服の情報はネットでも得ることができるが、その場の空気感、観客の反応は読み取ることはできないまま、ランウェイショーの模様は、Twitter（現X）、Instagram で、世界中に拡散された。これもまたネット社会が生み出した新現象で、話題性のあるショーが増える可能性を感じさせた。

　情報伝達の速さや大容量の情報整理において、デジタルはコレクションのあり方を進化させた。しかし、ファッションは、ふれる、まとう、体感するといった五感に訴えるアナログな世界なのだ。そのかぎり、コレクションは年に2回開催され世界中のジャーナリストやバイヤーが一堂に会してくり広げられるに違いない。**（横井　由利）**

Chapter 11

ファッションと倫理

エシカルファッション

内村理奈

　2013年4月24日、バングラデシュの首都ダッカにて、縫製工場の入ったビルが突然崩壊した。建築基準を満たしていない工場のなかで、いっせいにミシンを稼働させたからであるという。この事故は、工場内で働いていた1127人の従業員が命を落とすという大惨事になり、ファッション業界を文字通り震撼させた。同時に、この事故をきっかけにして、国際的にファッションビジネスの抱える問題が浮き彫りになった。私たちの周囲に普通に存在する、あまりに安価な衣服の裏側に、いったい何があるのか。今、そのことを根本から考えなければならない局面を迎えているのであり、ファッションビジネスの世界のCSR（企業の社会的責任）が、問われ始めている。ファッションと倫理の問題など、20世紀までは問題にされることもなかったかもしれない。しかし、21世紀になってエシカルファッション（倫理的なファッション）が登場し、注目され始めた。この現象の意味を、最終章では考えてみたい。

1 》》 エシカルへの関心

　英語のエシカル ethical（倫理的、道徳的）は、21世紀を迎えてから、フランスをはじめ、多くの国で用いられるようになってきた言葉である。とくに、この言葉がファッションと結びつき、国内外で話題にされ、注目されるようになっているのは興味深い。エシカルファッション、つまり直訳すれば、「倫理的なファッション」ということになるのだが、いったい、ファッションと倫理という概念が、結びつき、両立するなどということが、これまであっただろうか。歴史的にみても、そのようなことは思い当たらない。つまり、エシカルファッションとは、きわめて新しい、21世紀に固有の概念の誕生であると考えられる。
　ファッションとは本来、移ろいやすく、短いサイクルで入れ替わる衣服の流

行を意味している。多くの英語辞書はこの言葉を「ある時代、ある地域の服装や行動様式などの流行、一時的な風習」と説明し、古くからとくに「上流社会、社交界」を意味するものでもあった。それゆえ、ファッションとは、基本的に経済的に余裕のある一部の人びとの贅沢な現象として存在してきたものであり、人間の（場合によっては理不尽なまでの）虚栄心を満足させるものであるため、それがなくとも、人間が生きていくことは可能であるということはできる。ファッションではなくとも、物理的に身体を覆うことのできる衣服がありさえすれば、それでこと足りるのだということもできるかもしれない。

　このように、ただ体を覆うだけの衣服ではなく、流行に乗ったものであるファッションあるいはモードが、その軽佻浮薄さゆえに、道徳家たちから批判されることは、17世紀あるいはもっと古くからヨーロッパ社会にはしばしばみられることであった。移り変わりの激しいファッションに身をゆだねることは、道徳家たちからすれば、とくに18世紀頃から、女性に固有の、軟弱で、浅はかなふるまいであると見なされてきた。それがファッションの歴史であるといってもよい。そのような歴史を考えると、「倫理的なファッション」とは、まるで宗教家や道徳家たちに見受けられる、禁欲的で、無彩色かつ無装飾の衣服なのではないかと、想像してしまう人もいるのではないだろうか。

　しかし、「エシカルファッション」とは、そのような禁欲的な道徳家の衣服とはまったく異なる概念であるといわねばならない。そこには、今日の世界の状況、つまり現代のグローバル社会が抱えている種々の問題に対する、ひとつの警鐘のような意味が色濃くみられる。一部の良識ある人びとを中心に、おそらくは、現代社会の諸問題を解決するために、ファッションの世界からも何か発信していかなければならないという、強い危機感をもって、生まれてきたものであり、ひとつの社会運動ともいえる現象であるといってよいだろう。

　エシカルファッションの誕生は、2004年のパリに始まる。以来、まだ大きなムーブメントになりきれてはいない側面もあるが、徐々に世界に浸透してきている。国内外のファッション誌でも取り上げられるなど、ジャーナリスティックな記事は増加の傾向にある。そこで、本章では、エシカルファッションを取り上げ、その現状と意義を紹介するとともに、現在エシカルファッションが抱

えている課題を指摘した上で、21世紀になって登場したエシカルファッションという新しい現象が何を意味しているのか、そしてファッションビジネスの世界に何を求めているものなのかを考えてみたい。

2 ≫ ファッションとエコロジー

　近年、世界中の行政機関および産業界が、喫緊の課題として取り組んでいるのが、環境問題であろう。地球の温暖化問題をはじめ、すべての国々が頭を悩ませている大きな課題である。このような環境問題とファッションとが深く関係していることは知られはじめてきた。衣類の素材は、木綿をはじめ、その多くを自然界から得ている。それらの素材の栽培、製造の過程では、多くの場合、農薬や殺虫剤を用いなければならず、染めや織り、縫製の段階に至っては、化学薬品を用いることや、時には有害な汚染水、排気ガスを排出していることがある。ファッション・トレンドの移り変わりのなかで、売れ残った商品の多くは、リサイクルされることも少なく、廃棄処分され、焼却されて、大気や土壌を汚染していく。ファッション業界の裏にある、このような環境問題とのかかわりについて、疑問を感じ始めた業界の人びとが、現代社会の包括的な環境問題への関心の高まりとともに、徐々に増え始めてきたのである。ファッションとエコロジーの問題は、ファッション業界のサステイナブル（持続可能）な発展のためにも、重要な課題になってきているのは確かである。

　エコロジーを考慮した、いわゆるエコファッションは、まず1960年代あるいは70年代のヒッピーたちの間で見られたのが始まりであったろう。彼らは自然や愛や平和を尊び、人工的なものを排除して、時には原始生活に近づくために行きすぎたヌーディズムと結びつくこともあった。人工的なおしゃれを排除し、髪の毛を伸ばし、髭を伸ばしたファッションに身を包んで、「自然に帰れ」と主張した風俗でもあった。一方、そのような流行とは関係なくエコロジーへの関心をもち続けている人びとも存在していた。オーガニックの自然素材を用いて、手作業で作られた衣服を愛する人びとは、自然食を愛好する人びとと重なることもあり、ヒッピー以外の人びととの間にも少なからず存在し続けてきたと

思われる。

　このように、環境との共存を目指すエコファッションは以前からあるが、『グリーン・ファッション入門：サステイナブル社会を形成していくために』を著した田中めぐみによれば、これをおしゃれではないと感じる人は多く、それゆえに、アメリカではこれらを栄養はあるけれどもおもしろみのないものという意味を込めて「グラノーラ」ファッションと呼んできたと説明している（グラノーラは朝食の定番であるシリアルのこと）。すなわち、以前のエコファッションは、自然への配慮に関心をもっているものの、ハイセンスなおしゃれとは結びつかないものとして存在してきたといってよいだろう。いわゆるハイファッションやトップファッションと、これらが両立することは難しいと思われてきた。

　しかし、そのような状況が変化を見せ始めたのが近年の状況である。つまり、自然環境に配慮しながら、格好良い、おしゃれなファッションを楽しみたいという人びとが増えてきたのである。このような人びとの欲求を満たすべく誕生したのが「グリーンファッション」というカテゴリーだと田中は言う。田中は「言われなければそうとは分からない、おしゃれだが環境や社会に配慮した服や小物を、グリーンファッション、あるいはサスティナブルファッションと言う」と定義し、「環境や社会に良い商品しか作らないグリーンファッションブランドもあれば、通常のブランドがグリーンになっていくケースもある。いずれにせよ、その数は増す一方である」と述べている[1]。

　アメリカでは多くのアパレル企業のグリーン化（つまり環境に配慮した素材や生産工程を経ていること）が近年進んできており、その例として田中は、ステラ・マッカートニー、オスカー・デ・ラ・レンタなどのハイブランドから、Ｈ＆Ｍのようなファストファッションまでをあげている。アメリカでは、エコファッションからグリーンファッションへの移行が堅調に進んできていると田中は述べる。もちろん、これらは21世紀になってからの動きである。

　日本では、これらに先立って、フェアトレード・ファッションが生まれていた。1991年にイギリス人女性サフィア・ミニーが、日本でNGO グローバル・ヴィレッジを創設し、フェアトレード（公正な取引、貿易）によって生産されたファッション製品を売り始めていたのである。ピープル・ツリーはグローバル・

ヴィレッジのフェアトレード事業部門を法人化して作ったブランドであり、WFTO（世界フェアトレード機関）が定める Fair Trades Standards を守り、環境ポリシーにのっとったファッション製品の生産を行っている。

　ピープル・ツリーは、主に途上国の貧困撲滅と生活環境の改善のために、途上国の人びとに仕事を継続的に発注し、その土地に固有の伝統技術を生かしたファッション製品を作り、近年では有名デザイナーや、若者に親しみやすいムーミンのキャラクターや、イギリスのヴィクトリア＆アルバート美術館とのコラボレーションなどを通じて、広く世界にフェアトレードの意義を訴え続けている。素材やデザイン、商品に関しての情報は、途上国の生産者から得る一方で、ピープル・ツリーの側からは生産者に対し、市場動向や、ファッショントレンド、商品開発などの情報提供をするという、パートナーシップを結んでいることが特徴的である。

　このような関係によって、常に途上国の生産者たちをエンカレッジしており、技術面でのサポートばかりか、必要に応じて代金の50%を前払いするという支援を行っているのが特筆すべきことであろう。生産者との全面的な信頼関係を築き上げることによって、フェアトレードのしくみを成功させている。さらに、「フェアトレードの学校」という啓発活動や、寄付つきのお買物として「エシカル・ウェディング」のような仕組みを積極的に推し進め、徐々にフェアトレード・ファッションを選択するという行動自体が「おしゃれ」であることを浸透させていっている注目すべき団体である[2]。

　以上のように、世界の各地で、エコロジーや社会貢献的な性格をもつファッションが生まれつつあり、そのような世界的な動きのなかで、フランスのエシカルファッションは登場したといってよい。

3 》》 エシカルファッションとは

　エシカルファッションは、2004年パリにて、エシカルファッションショー Ethical Fashion Show として誕生した。イザベル・ケエ（Isabelle Quéhé、現在、エシカルファッションショーのアーティスティック・ディレクター兼ユニヴァーサル・ラブ

代表）が企画し、主催したものである。2010年、エシカルファッションショーは、世界最大級のファッション展示会ブレッド＆バターを主催し運営しているドイツのメッセ・フランクフルト株式会社に買収されたが、実質的な運営はケエが行っているといってよい。メッセ・フランクフルトはベルリンのグリーン・ショールームも買収し、エシカルファッションの世界規模での普及に力を入れている。

　ケエによれば、まず2004年に、２人の開発途上国（南半球）のデザイナーとの出会いがあり、この出会いをきっかけに、経済格差のある、南半球と北半球のデザイナーを集め、ファッションを南半球の国々の発展に寄与するものにしたいと考えたのが始まりだという。そこで、2004年の最初のエシカルファッションショーではパリをはじめとするヨーロッパ各地をはじめ、アフリカ、インドなどの20組のクリエーターが参加することになった。そして、エシカルファッションの意義を報道各社に訴える場を設けたのだという。あまりに安価な衣服の背景に隠れていることがらは何なのか。あるいは、魅力的なモードは、実は、環境汚染工場のひとつになっていることもあり、社会的な搾取の場にもなっていることがあるのではないか、などの問題提起をし、エシカルファッションとは、人間と環境に対し敬意を払うものであり、次世代のために地域に固有の文化や技術を引き継いでいくものだ、と主張したのである。

　ケエが述べているように、エシカルファッションは、まず南北の経済格差を埋めることが必要であるという問題意識に基づいている。その上で、安価な衣服、つまり世界を席巻しているファストファッションの裏側にある諸問題に立ち向かうこと、さらに環境問題に配慮し、グローバル社会のなかで、軽視されがちであった地域社会の文化や技術を守っていくことが重視されている。以上の関心が基盤としてあるため、エシカルファッションとは、前述のようなエコファッションやグリーンファッション以上に、環境問題のみならず、労働問題や福祉に関わる問題など、世界の幅広い社会問題に対しての問題提起になっていると思われる。

　そのことが顕著にうかがえるのが、エシカルファッションショーが掲げる、次の行動憲章（charte de bonne conduit）である。長くなるが、全文、引用してお

こう。この行動憲章にのっとったクリエーションのみが、エシカルファッションショーに参加できると定められているのである。

1　人権尊重の生産方法であること
・国際労働機関（ILO）の協定に従って労働者の労働条件を尊重すること：強制労働の禁止／生産ラインに従事しているすべての人々に対し、生存に必要なものや、きちんとした所得をもたらすための公正な最低賃金の尊重／最大で週48時間の労働時間制限／健康と労働に対しての安全性。労働者が安全で健康的な労働環境のもとにあること／労働組合の自由／結社の自由と、団体権、団体交渉の権利／差別の撤廃
・エシカルファッションは、永続的な方法で投資することで共同体の発展に寄与する：長期にわたる商業関係／保証された公正な労働賃金／インフラの整備と改善／生き方や考え方や創作の方法を押し付けようとせず、常に対話を重んじて、これらの共同体の慣例や習慣を尊重すること
・知的所有権の尊重：エシカルファッションは常にクリエーターの名前を明記する

2　生産工程における環境負荷を最小限に抑えたファッションであること。生地の生産から衣服の製造に至るまで、そして、衣服がその役割を終えるまで。エシカルファッションは、環境負荷を最小限に抑えた最高級の素材と物質の使用を優先する（製作の際にも廃棄の際にも）
エシカルファッションは回収された最高級の素材や、廃棄物のリサイクル素材や、環境を汚染しないか、するとしてもわずかな素材を優先する／染色や捺染や糊付けについて：重金属や毒性のある化学物質を除いた製品の使用／生産工程のすべての段階と、廃棄物のリサイクルに注意を払うこと／生分解性の素材、廃棄物再処理企業との協働／着想の段階から、衣服とアクセサリーの耐久性とメンテナンスの簡便性を研究する。

3　地域の技術を永続させるファッションであること：地域の職人とのコラボレーションを通じて、エシカルファッションは、地域固有の技術を可視化し、永続させ、保全していく
エシカルファッションは、クリエーションの非画一化を目指している。これら

の地域固有の技術は、豊かさや、クリエーションの多様性をもたらし、異なる文化や個人やスタイルを象徴するものである[3]。

　このように、エシカルファッションショーの行動憲章は大きく分けて、上の３つの項目、「人権」「環境」「地域固有の技術」を尊重したファッションの振興を願って、創設されたものであるといえる。

　さらに、エシカルファッションショーは独自の認証マークを作成しており、上記の行動憲章やエシカルファッションの基準を満たしているものを客観的に評価している。下記の６つのマークがそれらである[4]。これらのマークはエシカルファッションショーの会場において、たとえば、配布されるカタログや、ブース展示の場で掲示されており、どのような種類のクリエーションなのかが理解できるようになっている。

　図11-1-a は有機栽培などのオーガニックな素材を用いていることを表す。とくに希少なオーガニック・コットンの利用を推奨している。

　図11-1-b は自然素材を用いていることを表している。羊毛や亜麻、麻、絹などである。

　図11-1-c はリサイクルしているものを表している。フランスでは2011年の段階で70万トンもの使用可能な布地が廃棄されているとし、そのリサイクルが大きな課題になっているからだとしている。衣類のリサイクル問題は日本でも同様である。

　図11-1-d は地域に固有の伝統技術を用い、それを高めていくような生産工程であることを示している。すでに述べた行動憲章からうかがえるように、グローバル社会のなかで、失われつつある伝統染織技術を尊重し、保存し、さらに永続的に

図11-1　エシカルファッションショーの認証マーク

発展させていくことは、エシカルファッションにおいて重視されていることである。そもそも、南半球の開発途上国の発展に寄与したいというエシカルファッションの理念を念頭に置けば、当然のことと理解できるであろう。

　図11-1-eは公正な取引、公正な対価が、労働者あるいは、生産者との間で取り交わされていることを表す。その意味では、フェアトレードはエシカルファッションのなかでも、当然重視されるべき、新しい貿易と経済のしくみであるといってよい。

　図11-1-fは社会援助に積極的に投資をすることを表している。つまり、開発途上国やさまざまな理由から社会的にマイノリティーな存在である人びとを、継続的に援助支援していくような取り組みであり、それを推進していく活動に対して、認めるマークである。

　以上のように、エシカルファッションが目指しているのは、自然環境への配慮はもちろんのこと、人権問題、労働問題、経済格差の問題など、広範な地球規模の課題に果敢に取り組むことである。ファッションから、より良い世界を目指そうという非常に大きな理念を掲げているといえる。そして、それこそが、これまでのファッションの歴史のなかでは、見られなかった、まったく新しいファッションの形なのである。

　さらにエシカルファッションショーは、次の６つの項目を「われわれの目標」として掲げている。この目標はメッセ・フランクフルトに買収されてから、とくに強調されるようになったものである。

① エシカルファッションは、創造的であり、好ましいものであると、立証すること
② すべての国際的なエシカルブランドに、展示機会を与えること
③ あらゆる分野のファッションデザイナーと、染織産業のバイヤーとの出会いの場を設けること
④ 円卓会議において、エシカルファッションの考えを推進すること
⑤ エシカルファッションを、本物の社会現象として価値を高め、市場を拡大させること
⑥ パリをエシカルファッションの都にし、年に２回、あらゆる国際的な提唱を

結集させること[5]

　このようなエシカルファッションショーが掲げる目標からも読み取れるように、17世紀から続く歴史をもつファッションの都パリを、未来に引き継ぐべき持続可能なファッションの都にしようという意気込みと、エシカルファッションを単なる一部の人たちの奇特な好尚に終わらせずに、大きな社会運動につなげ、さらに市場としても魅力あるものに発展させようという意思が明確になっている。ファッションである以上、ビジネスとしての成功は当然必要である。一見、現実とはかけ離れた理想のようにも思われるかもしれないが、真剣に、あらたな次世代のファッションのあり方を問いかけ、現代社会の諸問題へのひとつの回答を、ファッションを通して提示していく運動であるといえるだろう。

　エシカルファッションの理念は、1999年に国連で採択された、国連グローバル・コンパクトを思い起こさせるものでもある。国連グローバル・コンパクトは、当時のアナン事務総長により採択されたものであるが、国連と企業とのパートナーシッププログラムであり、その目指すものはエシカルファッションの目指すものに酷似している[6]。このことからも、エシカルファッションは、ただの新しい流行というものではなく、やはり世界規模での大きな社会運動としての側面が強いということができるであろう。

4 ≫ メディアでの扱いから見えてくる課題

　このように高邁な理想を掲げるエシカルファッションショーについて、徐々にメディアで取り上げられることも増えてきている。当初は小さな集団による、ささやかなファッションショーであったが、2010年に、メッセ・フランクフルトに買収されたこともあり、年に1度であったショーが、年に2回の開催になり、通常のパリ・コレクションの期日に合わせて開催することによって、その主張をより広く普及させようとして努力が進んでいる。参加団体の数も2011年9月開催の折には90を突破し（図11-2）、多くの新聞やファッション誌、そして、テレビやインターネットのブログなどにおいても取り上げられるようになってきている。それらのなかから、メディアを通して見えてくるエシカルファッショ

ンが抱える課題の代表的なものを指摘しておきたい。

2010年9月の『ル・モンド』紙である。そこには、「食品とは異なり、エコで公正な衣服は、未だにフランス人にはあまり知られていない。それらは今なおババ・スタイルに結びついている」という見出しで、記者エリザベス・ピノーによるエシカルファッションに関する記事が出ていた。そのなかで、エシカルファッションショー主宰のイザベル・ケエが「エシカルファッションは、1970年代のババ・ファッションとはかけ離れたものである」と強調していることや、「シック（おしゃれ）とエシック（倫理）は両立しないどころか、その反対だ」という、あるファッションブランドの社長の言葉が紹介されている。これらのことからわかるように、すでにエシカルファッションショーが開催されてから、6年経過した時点においても、実際には、フランス人の間においてさえ、エシカルファッションはまだ市民権を得ておらず、大半の一般の人びとにとっては、ヒッピーやババと同じものという程度にしか認識されていないことがうかがえる。

さらに、その原因として、『ル・モンド』紙は、圧倒的な広告の欠如をあげており、エシカルファッションは今後きちんとした広報によって、認知されるべきであるとしている。記事によれば、エシカルファッションを手掛けているルトリシア・アモランが、アプリオリにエシカルファッションがヒッピーなどに結びつけられてしまうことを残念だと述べており、そうではなくて、「われわれはカテゴライズされたいとは思わない、第一にモードなのであって、その次に倫理的であればいいのだ」と述べている。そして記

図11-2　エシカルファッションショーの会場
（2011年9月3日　筆者撮影）

者のピノーは、今後、食品と同じように、消費者は衣服がどのような行程を経て自分のもとに届くのかを気に留める人は増えてくるだろうとして、エシカルファッションの可能性を展望し、記事を結んでいる。

　つまり、今なお、「倫理的」なファッションには、いわば偏見がつきまとっているといえよう。「おしゃれとは思えない」という偏見である。ファッションにおいて、おしゃれであると見なされないのは致命的である。これを打破すべく、適切な広報やコマーシャルが求められているのが現状であるといえるだろう。そのせいか、たとえば「倫理はおしゃれ」（L'éthique, c'est chic !）という駄洒落のようなキャッチコピーも、雑誌記事には見られることもあり、エシカルファッションが決して野暮ではないことを広めようと懸命である。おそらく、一般の人びとに、おしゃれで洗練されていると思われるか否かが、エシカルファッションの成否にかかってくる重要な問題なのではないかと思われる。先に述べたアメリカの「グリーンファッション」と同様、まずおしゃれであること、洗練されていることが必要なのである。

　しかし、現在は、このような偏見も薄らぎはじめ、ファッション・ブランドが「エシカル」であろうとする努力をしていないことの方が問題視されるようになってきた。

5 ≫ 持続可能なファッションへ

　以上のように、エシカルファッションは、冒頭でふれたような道徳家が身に着ける禁欲的なファッションを指し示しているのではなく、倫理的に正しい生産工程や労働環境や取引によって成り立つファッションであり、さらに環境への配慮も行き届いたファッションのことを指しているということが理解できる。つまりファッションという言葉が本来もっている、移り変わりの激しい一時的な流行や、軽薄さなどといった概念とは、相反するものといってよいかもしれない。

　これは、ファッションというよりは社会運動であり、世界規模における啓蒙運動であるといってよいだろう。移り変わることではなく、永続性、持続可能

性をファッションに求めるものなのである。グローバル社会に対する、一種の警鐘であり、平たく均一化されてしまった世界の服飾文化に、今一度、地域固有の豊かで多様な染織の彩りを復活させようとするものでもある。

　そのような意味において、エシカルファッションショーのなかで明確に示しているわけではないが、今日、世界的に広まっているファストファッションに対してのアンチテーゼであるのはまちがいない。生物多様性や文化の多様性が、求められはじめている現代において、エシカルファッションがどれだけ、世界に浸透していくかは興味深く、またそのような今日であるからこそ、エシカルファッションの果たす役割は大きいと思われる。

　歴史をふり返れば、常に贅沢と二人三脚であったファッションは、「倫理」や「道徳」とは相いれないものであり続けてきた。たとえばパンクファッションのように、「倫理」に反するがゆえに格好良いと見なされる現象も歴史のなかには多くあったことを考えると、エシカルファッションの登場は、これまでのファッションの概念を覆すかのような出来事のようにも思われる。21世紀がこれまで人間が経験したことのないような局面に突入していることを、エシカルファッションは、ファッションという人間の素朴な欲望の側面から、照射しているように思われてならない。華やかにおしゃれをしたいという人間の欲求と、エシカルな考え方が両立していくのか。いわゆる「ファッション（流行）」であるのならば、いずれ消えていくのが宿命かもしれない。しかし、現状において、「倫理はおしゃれ」は浸透し始め、ファッション・ブランドにとって「エシカル」は必須課題になってきた。

　たとえば、エシカルという言葉を使っているものではないが、2011年には、アメリカのアパレル企業を中心に「サステイナブル・アパレル連合」（本部サンフランシスコ）が結成された。日系企業では、東レ、帝人フロンティア、アシックスの３社が加盟している。本連合では、「ヒグ・インデックス」という指標を設けて、生産から廃棄に至る経済活動が、環境と社会に与える負荷を測定する基準を作った。将来的に、これがひとつの世界基準になっていく可能性が示唆されている。

　そして、2014年５月、日本も別の形で一歩前進を始めた。「日本エシカル推

進協議会」（当時代表・山本良一東京大学名誉教授、現在代表理事・会長生駒芳子氏）が設立されたのである。本協議会においては、ワーキング・グループが作られており、そのなかに、エシカルファッションのグループも作られている。このような動きが大きく推進されていくなかで、エシカルファッションが抱えていた課題解決に向けて議論も活発に行われている。

　エシカルファッションの考え方がファッションビジネスの世界に確実に根をおろし、無視できないムーヴメントになってきている。このことは、ファッションの長い歴史のなかでも、ひとつの大きな転換点になっていくのかもしれないと思うのである。

追記　本章は、拙著「エシカル・ファッションにみる今日的課題」（『季刊家計経済研究』No.95、2012年7月、38-45頁）をもとに、加筆修正を施したものである。

■注

▶ 1　田中めぐみ『グリーン・ファッション入門：サステイナブル社会を形成していくために』繊研新聞社、2009年、9頁。
▶ 2　2006年に設立されたバッグのブランド「マザーハウス」もフェアトレードの代表的な会社である。さらに、日本では、1990年代初頭にオーガニックコットンの普及をいち早く始めた株式会社アバンティも、エシカルファッションの登場以前から活動している先駆的な会社として知られる。
▶ 3　*Ethical fashion show le mag*, Paris 2011, Carrousel du Louvre, 1er > 4 Septembre, 38-39.　これは2011年9月1日から4日まで行われたエシカルファッションショーのヴィジターに配布されたカタログである。訳文は筆者による。以下もとくに断っていないものは同様。
▶ 4　しかし、このような認承マークが世界共通に共有されているとはいえず、エシカルの認承制度にはまだ課題が山積している。
▶ 5　*Op. Cit.*, 5.
▶ 6　国連グローバル・コンパクトの10原則は次の通り。「人権：原則1、企業はその影響の及ぶ範囲内で国際的に宣言されている人権の擁護を支持し、尊重する。原則2、人権侵害に加担しない。労働：原則3、組合結成の自由と団体交渉の権利を実効あるものにする。原則4、あらゆる形態の強制労働を排除する。原則5、児童労働を実効的に廃止する。原則6、雇用と職業に関する差別を撤廃する。環境：原則7、環境問題の予防的なアプローチを支持する。原則8、環境に関して一層の責任を担うためのイニシアチブをとる。原則9、環境にやさしい技術の開発と普及を促進する。腐敗防止：強要と贈収賄を含むあらゆる形態の腐敗を防止するために取り組む」。
▶ 7　ババスタイルとは1970年代後半に登場した、ヒッピーの次世代にあたる、自然志向の反体制的な若者たちのファッションのこと。

■参考文献

ヴェブレン『有閑階級の理論』小原敬士訳, 岩波書店, 1961年
サフィア・ミニー『おしゃれなエコが世界を救う：女社長のフェアトレード奮闘記』日経BP社,

2008年

サフィア・ミニー『NAKED FASHION：ファッションで世界を変える：おしゃれなエコのハローワーク』フェアトレードカンパニー，2012年

田中めぐみ『グリーン・ファッション入門：サステイナブル社会を形成していくために』繊研新聞社，2009年

山口真奈美「エシカルの認承制度」『廃棄物資源循環学会誌』Vol.28，No.4，2017年，pp.286-292

渡辺龍也『フェアトレード学：私たちが創る新経済秩序』新評論，2010年

コラム　エシカルファッションショー見聞録

　2011年9月1日から4日間、パリで開催されたエシカルファッションショーに、研究者ビジターとして参加してきた。会場はルーヴル美術館の一角にあるカルーゼル・ド・ルーヴルの地下1階である。参加しているデザイナーや団体は、本論で述べたように、エシカルファッションショーの行動憲章を守っているものに限られるが、フランス国内からの参加だけでなく、世界中からの参加があり（たとえば、ペルー、フィリピン、香港、ブルキナファッソ、キルギス、そして日本等）、会場では参加者たちの活発な交流が行われていた。4日間のプログラムは、ショールームのブース展示、シンポジウム、ファッションショーと盛り沢山で、ただのファッションショーではなく、一種の国際会議の大会のような趣をもっていた。そこで見聞きしたもののうち、印象に残ったものについて述べよう。

　リサイクルはエシカルな行動のひとつであるが、ブース展示には、リサイクルやリメイクの作品（商品）が多く出展されていた。フィリピンのある女性の作品は、カラフルなお菓子の包み紙を素材にして作られたバッグや小物、アクセサリーなどであった。近くで見れば、たしかに包み紙のようにも見えるが、実にカラフルな色合いでき

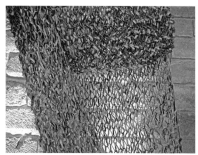

図　Dialogue Dress（筆者撮影）

れいにコーティングされているので、決してリサイクル品とは思われない華やかなものであった。同様のリサイクルのものでもっとも驚いたのは、新聞雑誌のページを細かく裂いてそれを長くつなぎ、太めの糸のようにして、これを編んで作った巨大なセーター、Dialogue Dress（対話するドレス）である（図）。実際に身に着けられるリアルクローズとして成り立つかどうかはともかく、この発想には驚かされた。また、樹木の皮をはいで、それを生かして作られたドレスは、大変構築的なものであり、芸術作品のようであった。

　エシカルファッションショー以外の場でも、このようなクリエーションは広がりを見せている。たとえば、ロンドンで活躍している日本人デザイナー Kumiko Tani は、スーパーのレジ袋などから、とても素敵なドレスを制作するという活動を長年続けている。以下の URL で見ることができる。

（内村　理奈）

http://re-cycle-style.com

執筆者紹介 （執筆順）

内村　理奈（うちむら　りな）［編者／はじめに，1章，7章，11章］
　　お茶の水女子大学大学院人間文化研究科博士課程単位取得満期退学，博士（人文科学）
　　現在，日本女子大学家政学部被服学科教授
　　著作に『マリー・アントワネットの衣裳部屋』（平凡社，2019年），『名画のドレス：拡大
　　　でみる60の服飾小事典』（平凡社，2021年），『名画のコスチューム：拡大でみる60の職
　　　業小事典』（創元社，2023年）他

阿佐美　淑子（あさみ　よしこ）［2章］
　　東京藝術大学大学院美術研究科西洋美術史専攻修士課程修了
　　現在，三菱一号館美術館主任学芸員
　　担当展覧会に「田園讃歌：近代絵画に見る自然と人間」展（2007-2008年，北九州市立美
　　　術館），「KATAGAMI Style」展（2012年），「マリアノ・フォルチュニ：織りなすデザ
　　　イン」展（2019年），「上野リチ：ウィーンからきたデザイン・ファンタジー」展（2021-
　　　2022年）（以上，三菱一号館美術館）

沢尾　絵（さわお　かい）［3章］
　　日本女子大学大学院人間生活学研究科生活環境学専攻博士後期課程修了，博士（学術）
　　現在，東京家政大学家政学部服飾美術学科准教授／同大学博物館館長
　　著作に『世界の愛らしい子ども民族衣装』（分担執筆，エクスナレッジ，2016年），『衣生
　　　活学』（分担執筆，朝倉書店，2016年），『衣服の百科事典』（分担執筆，丸善出版，2015
　　　年），「三井文庫所蔵『染代覚帳』の考察（上・下）」（東京国立博物館研究誌『MUSEUM』
　　　No.635-6, 2011-2）

田中　淑江（たなか　よしえ）［4章］
　　日本女子大学大学院人間生活学研究科生活環境学専攻博士後期課程修了，博士（学術）
　　現在，共立女子大学家政学部被服学科教授（東京国立博物館客員研究員）
　　著作に『はじめての和裁の教科書』（講談社，2024年），『衣服の百科事典』（分担執筆，丸
　　　善出版，2015年），『広辞苑第7版』（和裁関係担当，岩波書店，2018年）

朝倉　三枝（あさくら　みえ）［5章］
　　お茶の水女子大学大学院人間文化研究科博士課程終了，博士（人文科学）
　　現在，早稲田大学社会科学部教授
　　著作に『ソニア・ドローネー：服飾芸術の誕生』（ブリュッケ，2010年），『もっと知りたい：
　　　シャネルと20世紀モード』（東京美術，2022年），共著に『フランス・モード史への招待』
　　　（悠書館，2016年）

新實　五穂（にいみ　いほ）［6章］
お茶の水女子大学大学院人間文化研究科博士後期課程修了，博士（人文科学）
現在，お茶の水女子大学基幹研究院人文科学系准教授
著作に『社会表象としての服飾：近代フランスにおける異性装の研究』（東信堂，2010年）

富川　淳子（とみかわ　あつこ）［8章］
法政大学大学院経営学研究科修士課程修了，修士（経営学）
元跡見学園女子大学文学部現代文化表現学科教授
著作に『ファッション誌をひもとく［改訂版］』（北樹出版，2017年）

角田　奈歩（つのだ　なお）［9章］
お茶の水女子大学大学院人間文化研究科博士後期課程修了，博士（人文科学）
現在，東洋大学経営学部准教授
著作に『パリの服飾品小売とモード商：1760-1830』（悠書館，2013年）

横井　由利（よこい　ゆり）［10章］
明治学院大学社会学部卒業
元跡見学園女子大学マネジメント学部生活環境マネジメント学科准教授，現在ファッション・ジャーナリスト
編集に『Yves Saint Laurent：The beginning of a legend 1936 〜 2000』（アルク，2000年），『カレ物語：エルメス・スカーフをとりまく人々』（中央公論社，2002年）

イラスト：西川文香
編集協力：川崎香苗

【改訂版】ファッションビジネスの文化論

2014年10月24日　初版第 1 刷発行
2022年 4 月 1 日　初版第 4 刷発行
2024年 5 月20日　改訂版第 1 刷発行

編著者　内村　理奈

発行者　木村　慎也

定価はカバーに表示　　印刷　新灯印刷／製本　和光堂

発行所　株式会社　北 樹 出 版

〒153-0061　東京都目黒区中目黒1-2-6
URL : http://www.hokuju.jp
電話(03)3715-1525(代表)　FAX(03)5720-1488